高等院校计算机应用技术系列教材

系列教材主编 谭浩强

Visual Basic 程序设计实践教程

主　编　冯阿芳

副主编　于秀敏　　满　娜

　　　　刘玉利　　李　欣

参　编　李学谦　　陆　竞

主　审　贾宗福

机械工业出版社

本书是《Visual Basic 程序设计实用教程》的配套教材，全书共分 12 章，分别为概述、Visual Basic 语言基础、窗体和基本控件、基本程序结构、数组、过程、常用控件、数据文件、Visual Basic 图形处理、应用程序界面设计、Visual Basic 与多媒体和数据库编程。

　　本书首先讲解了知识要点，然后对常见错误和疑难问题进行分析，最后设置了与主教材紧密结合的实验。自测题与主教材中的知识点配套，为方便学生自学，还配备了自测题答案和实验参考程序。

图书在版编目（CIP）数据

Visual Basic 程序设计实践教程 / 冯阿芳主编 . —北京：机械工业出版社，2011.4

高等院校计算机应用技术系列教材

ISBN 978-7-111-34010-2

Ⅰ . ①V… Ⅱ . ①冯… Ⅲ . ①BASIC 语言—程序设计—高等学校—教材 Ⅳ . ①TP312

中国版本图书馆 CIP 数据核字（2011）第 057166 号

机械工业出版社（北京市百万庄大街 22 号　邮政编码 100037）
策划编辑：赵　轩
责任印制：李　妍
高等教育出版社印刷厂印刷
2011 年 7 月第 1 版·第 1 次印刷
184mm × 260mm ·12 印张·292 千字
0001 –3000 册
标准书号：ISBN 978 – 7 – 111 – 34010 – 2
定价：24.00 元

序

进入信息时代，计算机已成为全社会不可或缺的现代工具，每一个有文化的人都必须学习计算机，使用计算机。计算机课程是所有大学生必修的课程。

在我国3000多万大学生中，非计算机专业的学生占95%以上。对这部分学生进行计算机教育将对影响今后我国在各个领域中的计算机应用的水平，影响我国的信息化进程，意义是极为深远的。

在高校非计算机专业中开展的计算机教育称为高校计算机基础教育。计算机基础教育和计算机专业教育的性质和特点是不同的，无论在教学理念、教学目的、教学要求、还是教学内容和教学方法等方面都不相同。在非计算机专业进行的计算机教育，目的不是把学生培养成计算机专家，而是希望把学生培养成在各个领域中应用计算机的人才，使他们能把信息技术和各专业领域相结合，推动各个领域的信息化。

显然，计算机基础教育应该强调面向应用。面向应用不仅是一个目标，而应该体现在各个教学环节中，例如：

教学目标：培养大批计算机应用人才，而不是计算机专业人才；

学习内容：学习计算机应用技术，而不是计算机一般理论知识；

学习要求：强调应用能力，而不是抽象的理论知识；

教材建设：要编写出一批面向应用需要的新教材，而不是脱离实际需要的教材；

课程体系：要构建符合应用需要的课程体系，而不是按学科体系构建课程体系；

内容取舍：根据应用需要合理精选内容，而不能漫无目的地贪多求全；

教学方法：面向实际，突出实践环节，而不是纯理论教学；

课程名称：应体现应用特点，而不是沿袭传统理论课程的名称；

评价体系：应建立符合培养应用能力要求的评价体系，而不能用评价理论教学的标准来评价面向应用的课程。

要做到以上几个方面，要付出很大的努力。要立足改革，埋头苦干。首先要在教学理念上敢于突破理论至上的传统观念，敢于创新，同时还要下大功夫在实践中摸索和总结经验，不断创新和完善。近年来，全国许多高校、许多出版社和广大教师在这领域上做了巨大的努力，创造出许多新的经验，出版了许多优秀的教材，取得了可喜的成绩，打下了继续前进的基础。

教材建设应当百花齐放，推陈出新。机械工业出版社决定出版一套计算机应用技术系列教材，本套教材的作者们在多年教学实践的基础上，写出了一些新教材，力图为推动面向应用的计算机基础教育做出贡献。这是值得欢迎和支持的。相信经过不懈的努力，在实践中逐步完善和提高，对教学能有较好的推动作用。

计算机基础教育的指导思想是：面向应用需要，采用多种模式，启发自主学习，提倡创新意识，树立团队精神，培养信息素养。希望广大教师和同学共同努力，再接再厉，不断创造新的经验，为开创计算机基础教育新局面，为我国信息化的未来而不懈奋斗！

全国高校计算机基础教育研究会荣誉会长　谭浩强

前　言

Visual Basic 是基于 Windows 的可视化程序设计语言。它提供了开发 Windows 应用程序迅速、简洁的方法，全面支持面向对象的程序设计，包括数据抽象、封装、对象与属性、类与成员、继承和多态等。Visual Basic 语言简单易学、功能强大，借助 Visual Basic 既可以向学生传授程序设计的基本知识，又可使学生熟悉一个实用图形界面的软件开发环境，缩短从程序设计入门到使用现代实用开发工具开发应用程序的过程，适合非计算机专业学生学习。

本书是《Visual Basic 程序设计实用教程》的辅助教材，全书共分 12 章，分别为概述、Visual Basic 语言基础、窗体和基本控件、基本程序结构、数组、过程、常用控件、数据文件、Visual Basic 图形处理、应用程序界面设计、Visual Basic 与多媒体和数据库编程。每章首先总结了知识要点，然后对常见错误和疑难进行了分析，最后设置了与主教材知识点紧密结合的实验、自测题。为方便学生自学，本书还配备了自测题答案和实验参考程序。

本书源于编者多年的教学实践，凝聚了众多一线任课教师的教学经验与科研成果，经过数月的研讨，组稿而成。本书由冯阿芳担任主编，于秀敏、满娜担任副主编，刘玉利、李欣、李学谦、陆竞参编，贾宗福担任主审。在编写过程中得到了编者所在学校的大力支持和帮助，在此表示衷心的感谢，同时对编写过程中参考的大量文献资料的作者致谢。由于作者水平有限，书中难免有欠缺之处，敬请专家、读者批评指正。

编　者

目　　录

第1章 概　　述

一、知识要点

1. Visual Basic 功能特点
1) 可视化编程。
2) 支持面向对象程序设计。
3) 事件驱动的编程机制。
4) 支持结构化程序设计。
5) 强大的开发工具。
6) 完备的帮助功能。
2. Visual Basic 的 3 种工作模式
1) 设计模式：主要完成用户界面设计和代码编写工作。
2) 运行模式：运行应用程序，这时不能编辑代码和界面。
3) 中断模式：暂时中止程序的运行，这时可以编辑代码，但不可以编辑界面。按〈F5〉键或单击"继续"按钮，即可继续运行程序。
3. 窗体
窗体是应用程序最终面向用户的窗口。在设计应用程序时，用户在窗体上建立 Visual Basic 应用程序的界面。一个应用程序可以有多个窗体，可通过选择"工程"→"添加窗体"命令增加新窗体。
4. 代码窗口
代码窗口是用来编辑代码的窗口，各种事件过程、用户自定义过程等源代码的编写和修改均在此窗口中进行。打开代码窗口的方法有：双击窗体或窗体上的任意控件；单击工程资源管理器窗口中的"查看代码"按钮；选择"视图"→"代码窗口"命令。代码窗口由对象列表框、事件列表框、代码编辑区 3 部分组成。
5. 工具箱
工具箱主要用于界面设计，其中包含了 21 个按钮形式的图标。利用这些工具，用户可以在窗体上设计各种控件。
6. 属性窗口
属性用来描述 Visual Basic 窗体和控件特征的数据值，如标题、颜色、大小、位置等。属性窗口用于显示和设置选定窗体和控件等对象的属性。属性窗口由对象列表框、属性显示方式选项卡、属性列表框和属性含义说明 4 部分组成。
7. 工程
一个工程或一个工程组相当于一个 Visual Basic 的应用程序。工程可以包含各种文件，例如工程文件（.vbp）、窗体文件（.frm）、标准模块文件（.bas）等。

8．工程资源管理器

工程资源管理器利用倒置"树"状结构对工程中的文件进行管理。"工程"或"工程组"位于根部，而工程管理的各个资源文件构成了"树"的分支。用户要对某个资源文件进行设计或编辑，就可以双击这个资源文件。

工程资源管理器上方有 3 个按钮。

1）"查看代码"按钮：用于切换到代码窗口，从而显示和编辑代码。

2）"查看对象"按钮：可以切换到窗体窗口，从而显示和编辑对象。

3）"切换文件夹"按钮：切换文件夹的显示方式。

9．窗体布局窗口

窗体布局窗口是用来显示一个或多个窗体在屏幕上运行位置的工作窗口。

10．立即窗口

立即窗口是用来进行表达式计算、简单方法的操作及程序测试的工作窗口。在立即窗口中打印变量或表达式的值，可使用 Debug.print 语句。

11．建立应用程序的步骤

1）建立用户界面对象。

2）设置对象属性。

3）对象事件过程及编程。

4）保存程序。

5）运行和调试程序。

6）生成可执行文件。

12．保存文件的步骤

（1）保存窗体文件

单击工具栏上的"保存工程"按钮 ，系统会弹出"文件另存为"对话框，依次选择文件的保存位置，输入保存的文件名，窗体文件保存成功。用户也可以选择"文件"→"保存 Form1"命令，保存窗体文件。

（2）保存工程文件

单击工具栏上的"保存工程"按钮保存工程文件，系统会弹出"文件另存为"对话框，继续保存工程文件。用户也可以选择"文件"→"保存工程"命令，保存工程文件。

13．运行和调试程序

程序设计完成后，可以单击工具栏上的"启动"按钮 ▶ 或按〈F5〉键运行程序。Visual Basic 首先检查程序中的语法，若存在语法错误，则显示错误提示信息，提示用户进行修改；若不存在语法错误，则执行程序。另外，单击工具栏上的按钮 ‖ 可以中断程序的运行；单击按钮 ■ 可以结束程序的运行。

14．生成可执行文件的方法

依次选择"文件"→"生成工程 1.exe"命令即可生成可执行文件。

二、常见错误和疑难分析

1）运行 Visual Basic 6.0 需要什么样的硬件环境？

只要能运行 Windows 9x 或 Windows NT 的计算机即可。

2）Visual Basic 6.0 有多种类型的窗口，若想在设计时看到代码窗口，应怎样操作？

方法一：双击窗体或窗体上的任意控件；

方法二：单击"工程资源管理器"窗口的"查看代码"按钮；

方法三：选择"视图"→"代码窗口"命令。

3）如何使各窗口显示或不显示？

显示：选择"视图"菜单中对应的窗口命令，则显示所需的窗口。

不显示：单击操作窗口的"关闭"按钮，则不显示该窗口；

4）当建立好一个简单的应用程序后，假定该工程仅有一个窗体模块，问该工程涉及多少个文件要保存？若要保存该工程中的所有文件，正确的操作应先保存什么文件，再保存什么文件？若不这样做，系统会出现什么信息？

① 涉及两个文件要保存。

② 先保存窗体文件（.frm），再保存工程文件（.vbp）。

③ 若先保存工程文件，系统会先弹出"文件另存为"对话框，要求先保存窗体文件。

5）假定在 Windows XP 环境中保存工程文件，若不改变目录名，则系统默认的目录是什么？

系统默认的目录是 C:\Program Files\Microsoft Visual Studio\Visual Basic98。

6）打开工程时找不到窗体文件，应怎样解决？

一个 Visual Basic 应用程序至少包含一个工程文件和一个窗体文件。如果存盘时遗漏了某个文件，就会出现"文件未找到"的提示信息，解决方法是，选择"工程"→"添加窗体"命令，在弹出的"添加窗体"对话框中，切换到"现存"选项卡，将窗体加入工程。

7）如果要在属性窗口中查找所有与对象外观有关的属性，最快捷的方法是什么？

将属性按分类顺序排列，即可找到所有与对象外观有关的属性。

8）如果已经打开某个工程文件，但看不到其窗体和代码，应该如何查找？

找到工程资源管理器，展开工程，即可查看到窗体文件和代码窗口。

三、实验

1．实验目的

1）熟悉 Visual Basic 6.0 集成开发环境。

2）初步掌握 Visual Basic 程序的建立、编辑、调试、运行和保存。

2．实验内容

1）启动 Visual Basic 6.0，了解集成开发环境。

2）建立 Visual Basic 应用程序，界面如图 1-1所示。

3．实验步骤

1）建立界面。在窗体上添加一个文本框和 3个命令按钮。

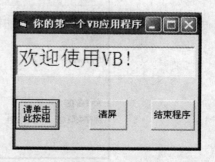

图 1-1　Visual Basic 应用程序界面

2) 设置对象属性,对象属性设置如表 1-1 所示。

表 1-1　对象属性设置

控 件 名 称	属 性 值
Form1	Caption="你的第一个 Visual Basic 应用程序"
Text1	Text=""
Command1	Caption="请单击此按钮"
Command2	Caption="清屏"
Command3	Caption="结束程序"

3)编写代码。分别双击 3 个命令按钮,按如图 1-2 所示的代码窗口中的内容输入对应的代码。

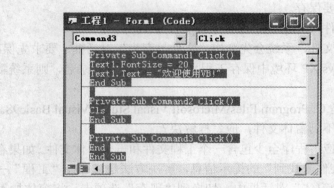

图 1-2　程序代码

4.保存程序

1)保存窗体文件。单击工具栏上的"保存工程"按钮■,系统会弹出"文件另存为"对话框,依次选择文件的保存位置,输入保存的文件名,窗体文件保存成功。用户也可以选择"文件"→"保存 Form1"命令,保存窗体文件,弹出的"文件另存为"对话框如图 1-3 所示。

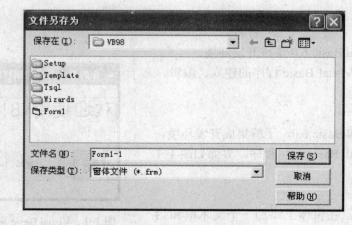

图 1-3　"文件另存为"对话框

2）保存工程文件。单击工具栏上的"保存工程"按钮保存工程文件，系统会弹出"文件另存为"对话框，继续保存工程文件；也可以选择"文件"→"保存工程"命令，保存工程文件，弹出的"工程另存为"对话框如图 1-4 所示。

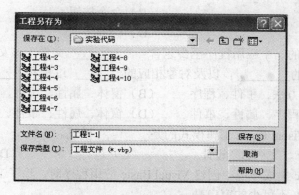

图 1-4 "工程另存为"对话框

5．运行和调试程序

单击工具栏上的"启动"按钮 ▶ 或按〈F5〉键运行程序。Visual Basic 首先检查程序中的语法，若存在语法错误，则显示错误提示信息，提示用户进行修改；若不存在语法错误，则执行程序。另外，单击工具栏上的按钮 ‖ 可以中断程序的运行；单击按钮 ■ 可以结束程序的运行。

6．生成可执行文件

生成可执行文件的方法是：依次选择"文件"→"生成工程 1.exe"命令。如图 1-5 所示为"生成工程"对话框。

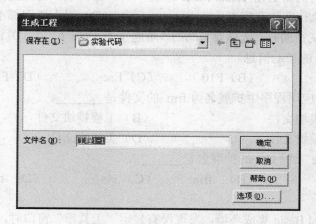

图 1-5 "生成工程"对话框

四、自测题

1．选择题

1）Visual Basic 是一种面向对象的可视化程序设计语言，采取了_____ 的编程机制。

（A）事件驱动　　　　　　　　　　　（B）按过程顺序执行

（C）从主程序开始执行　　　　　　（D）按模块顺序执行

2）在 Visual Basic 中最基本的对象是_____，它是应用程序的基石，是其他控件的容器。

（A）文本框　　　　　　　　　　（B）命令按钮

（C）窗体　　　　　　　　　　　（D）标签

3）Visual Basic 的一个应用程序至少包含一个_____文件，该文件存储窗体上使用的所有控件对象和有关的_____，以及对象相应的_____过程和_____代码。

（A）模块、方法、事件、程序　　（B）窗体、属性、事件、程序

（C）窗体、程序、属性、事件　　（D）窗体、属性、事件、模块

4）以下不属于 Visual Basic 工作模式的是_____模式。

（A）编译　　　（B）设计　　　（C）运行　　　（D）中断

5）在 Visual Basic 集成环境中创建 Visual Basic 应用程序时，除了工具箱窗口、窗体中的窗口、属性窗口外，必不可少的窗口是_____。

（A）窗体布局窗口　　　　　　　（B）立即窗口

（C）代码窗口　　　　　　　　　（D）监视窗口

6）保存新建的工程时，默认的路径是_____。

（A）My Documents　　　　　　（B）Visual Basic98

（C）\　　　　　　　　　　　　（D）Windows

7）将调试通过的工程经"文件"菜单的"生成 .exe 文件"编译成 .exe 后，将该可执行文件拿到其他机器上不能运行的主要原因是_____。

（A）运行的机器上无 Visual Basic 系统　　（B）缺少窗体文件

（C）该可执行文件有病毒　　　　　　　　（D）以上原因都不对

8）当需要上下文帮助时，选择要帮助的"难题"，然后按〈_____〉键，就可弹出 MSDN 窗口并显示"难题"的帮助信息。

（A）Help　　　（B）F10　　　（C）Esc　　　（D）Fl

9）Visual Basic 应用程序中扩展名为.frm 的文件是_____。

（A）标准模块文件　　　　　　　（B）工程模块文件

（C）窗体模块文件　　　　　　　（D）类模块文件

10）Visual Basic 工程文件的扩展名是_____。

（A）.vbp　　　（B）.frm　　　（C）.cls　　　（D）.bas

2．填空题

1）当进入 Visual Basic 集成环境，发现没有显示"工具箱"窗口时，应选择"____"菜单的"____"选项，使"工具箱"窗口显示。

2）Visual Basic 有学习版、专业版和_____，在启动 Visual Basic 6.0 的启动封面上，能显示对应的版本。

3）运行 Visual Basic 6.0 需要的硬件环境是_____。

4）进入 Visual Basic 6.0，"新建工程"对话框中列出了能够建立的应用程序类型，对于初学者只要选择默认的"标准 EXE"即可。在该对话框中有 3 个选项卡："____"选项卡用于建立新工程；"现存"选项卡用于选择和打开现有工程；"最新"选项卡中列出最近使用过

的工程。

5）Visual Basic 6.0 菜单栏中包括 13 个菜单："文件"、"＿＿＿"、"视图"、"工程"、"格式"、"调试"、"＿＿＿"、"查询"、"图表"、"工具"、"外接程序"、"窗口"及"帮助"。

6）"＿＿＿"窗口可以保存一个应用程序的所有属性以及组成这个应用程序的所有文件。

7）属性窗口由以下部分组成＿＿＿＿：单击其右边的下拉按钮可打开所选窗体所含对象的列表；属性显示方式选项卡：有"按字母序"和"按分类序"两个选项卡；＿＿＿＿：列出所选对象可更改的属性及默认值；"属性含义说明"：当在属性列表框中选择某属性时，在该区显示所选属性的含义。

3．判断题

1）窗体是建立 Visual Basic 应用程序的主要部分，用户通过与窗体交互得到结果。每个窗体必须有唯一的窗体名字，一个应用程序必须有一个窗体，用户可以在应用程序中拥有多个窗体。

2）立即窗口是为调试应用程序提供的，用户可以直接在该窗口中利用 Print 方法或直接在程序中用 Debug.Print 显示表达式的值。

3）双击一个控件或窗体可以打开代码窗口。

4）属性窗口包含所有窗体或控件的属性。

五、自测题答案

1．选择题

1）A　2）C　3）B　4）A　5）C　6）B　7）A　8）D　9）C　10）A

2．填空题

1）视图、工具箱

2）企业版

3）能运行 Windows 9x 或 Windows NT 的计算机

4）新建

5）编辑、运行

6）工程资源管理器

7）对象列表框、属性列表框

3．判断题

1）T　2）T　3）T　4）T

六、实验参考程序

```
Private Sub Command1_Click()
        Text1.FontSize = 20
        Text1.Text = "欢迎使用 Visual Basic!"
End Sub
```

```
Private Sub Command2_Click()
    Cls
End Sub
Private Sub Command3_Click()
    End
End Sub
```

第2章 Visual Basic 语言基础

一、知识要点

1. 数据类型

Visual Basic 提供的数据类型包括基本数据类型和复合数据类型。基本数据类型主要包括数值型和字符型，此外还有逻辑型、日期型、对象型和变体型等。复合数据类型是由基本数据类型组成的，包括数组和自定义数据类型。Visual Basic 提供的数据类型如图 2-1 所示。本章仅介绍 Visual Basic 的基本数据类型，复合数据类型将在第 6 章详细介绍。

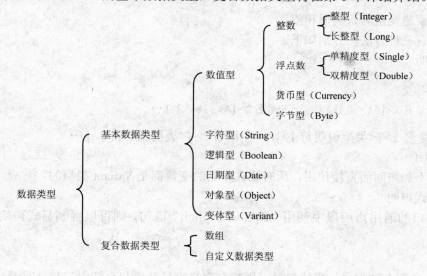

图 2-1　Visual Basic 的数据类型

数据类型决定了数据在内存中所占空间大小，也决定了其表示范围。表 2-1 列出了 Visual Basic 支持的基本数据类型的关键字、类型描述符、占用空间和表示范围等。另外，不同数据类型的数据参与的运算也不同。

表 2-1　Visual Basic 基本数据类型

数据类型	关键字	类型描述符	所占空间（字节数）	表示范围
字节型	Byte	无	1	$0 \sim 2^8-1$（$0 \sim 255$）
逻辑型	Boolean	无	2	True 与 False
整型	Integer	%	2	$-2^{15} \sim 2^{15}-1$（$-32\,768 \sim 32\,767$）
长整型	Long	&	4	$-2^{31} \sim 2^{31}-1$（$-2\,147\,483\,648 \sim 2\,147\,483\,647$）
单精度型	Single	!	4	$-3.4 \times 10^{38} \sim 3.4 \times 10^{38}$，精度达 7 位

数据类型	关键字	类型描述符	所占空间（字节数）	表示范围
双精度型	Double	#	8	$-1.7 \times 10^{308} \sim 1.7 \times 10^{308}$，精度达 15 位
货币型	Currency	@	8	$-2^{96} \sim 2^{965}-1$，精度达 28 位
日期型	Date	无	8	01,01,100～12,31,9999
字符型	String	$	与字符串长度有关	0～65 535 个字符
对象型	Object	无	4	任何对象引用
变体型	Variant	无	根据需要分配	

2．标识符的命名规则

标识符必须以字母或汉字（中文系统中可用）开头，由字母、汉字、数字或下划线组成；标识符不能超过 255 个字符；Visual Basic 不区分标识符中英文字母的大小写；不能使用 Visual Basic 中的关键字作为标识符，例如 Integer、Sub、While 等是不合法的标识符。

3．变量

变量的三要素是变量名、类型和值。

变量的声明有三种方法，分别如下。

（1）显式声明

形式如下。

　　Dim <变量名 1> [As <类型 1>] ，<变量名 2> [As <类型 2>],…

或 Dim <变量名 1> [<类型说明符 1>]，<变量名 2> [<类型说明符 2>],…

（2）隐式声明

允许对变量不加声明而直接使用，所有隐式声明的变量都是 Variant 类型的。

（3）强制显式声明

若在代码窗口的通用声明段中使用"Option Explicit"语句，则可以强制显式声明所有变量。

4．常量

Visual Basic 中有 3 种常量：直接常量、用户自定义符号常量和系统内部符号常量。

（1）直接常量

直接常量是在程序中以直接的形式给出的数，根据直接常量的数据类型划分，可分为数值常量、字符串常量、日期常量和逻辑常量。

① 数值常量：数值常量的数据类型可以是整型、长整型、单精度型、双精度型、字节型和货币型。其中，整型、长整型和字节型常量除了可以使用常用的十进制表示之外，还可以使用八进制和十六进制表示。八进制常数在数值前加&O 或&，十六进制常数在数值前加&H。

② 字符串常量：字符常量是用一对半角双引号（""）括起来的任意字符序列。

③ 日期常量：日期常量是用一对号码符（#）括起来的可以被当做日期和时间的字符串。

④ 逻辑常量：逻辑常量只有 True（真）和 False（假）两种取值，直接用 True 和 False 表示。

（2）用户自定义符号常量

用户自定义符号常量形式如下。

Const <常量名 1> [As <类型 1>]=<表达式 1>，<常量名 2> [As <类型 2>]=<表达式 2>，…

（3）系统内部符号常量

Visual Basic 系统还为应用程序和控件提供了系统定义符号常量。在"对象浏览器"窗口中可以查看到系统所提供的所有内部符号常量，在代码窗口中可以直接使用。

5．运算符

Visual Basic 提供的运算符大致可以分为 4 类：算术运算符、字符串运算符、关系运算符和逻辑运算符。

各种类型运算符的优先级顺序如下：数值运算符>字符运算符>关系运算符>逻辑运算符。

6．表达式

书写 Visual Basic 表达式应注意以下书写规则。

1）表达式要写在同一基准上。例如，数学表达式 $\dfrac{-b}{2*a}$，应写成(-b)/(2*a)，数学表达式 2^3 应写成 2^3。

2）表达式中的乘号*不能省略，也不能用 · 代替。例如，4ac 应写成 4*a*c。

3）数学中的有些符号不能用于 Visual Basic 表达式中，如$\sum$、$\prod$、$\oint$、$\pm$、$\leq$、$\geq$、$\neq$、$\approx$、$\angle$等。

4）表达式中只能使用圆括号，不能使用中括号和大括号，且圆括号必须成对出现。

7．常用内部函数

调用函数的形式如下：

<函数名> ([参数列表])

常用内部函数包括 6 大类：数学函数、字符串函数、转换函数、日期时间函数、格式输出函数和 Shell 函数。

8．Visual Basic 编码规则

一般一行书写一条语句，一行最多有 255 个字符；在同一行上可以书写多条较短的语句，各条语句间用冒号分隔；如果一条语句较长，则可分若干行书写，在要续行的行尾加上续行符_（空格和下划线）；Visual Basic 代码不区分字母的大小写；对于用户自定义的常量、变量、过程名，Visual Basic 以第一次定义和使用的格式为准，以后定义的自动向首次定义的转换；对只包含一个单词的关键字，可以将关键字首字母转换成大写，其余字母转换为小写；对包含多个单词的关键字，可以将每个单词的首字母转换成大写，其余字母转换为小写。

9．注释

为便于程序的维护和调试，可以在程序中加注释。注释可以 Rem 开头或用撇号'引导，用 Rem 开头的注释必须与前面的语句以冒号：分隔，用撇号引导的注释可以直接出现的语句后面。用户也可以单击"编辑"工具栏中的"设置注释块"或"解除注释块"按钮，使选中的若干行语句（或文字）成为注释或取消注释。

二、常见错误和疑难分析

1．数值型变量的表示范围。Visual Basic 中的变量都有一定的表示范围，在程序中如果用变量表示超过其范围的数值，则程序运行时会产生"溢出"而中断。例如有如下代码：

```
Private Sub Form_Click()
Dim a As Integer
a = 50000
Print a
End Sub
```

则程序运行时，会弹出如图 2-2 所示的错误提示对话框。解决的方法是采用表示范围更大的数据类型，例如用单精度类型来定义变量。

图 2-2 "溢出"实时错误提示对话框

2．因变量名拼写错误而引起的错误。在 Visual Basic 中，允许对变量隐式声明，所有隐式声明的变量都是变体型的。但是变量的隐式声明方式常常会引起一些问题，例如变量名书写错误，系统会认为声明了一个新的变量，从而引起逻辑错误。例如有如下代码：

```
Private Sub Form_Click()
        Dim sum As Integer, aver As Single
        sum = 500
        aver = sun/10
        Print aver
End Sub
```

上述程序中，变量 sum 表示和 aver 表示平均值，其计算结果应该是 50。但是在语句 aver = sun/10 中，错将变量名 sum 写作 sun，系统会认为 sun 是隐式声明的一个变量，对该变量初始化为 0，所以程序运行后，程序得到的结果为 0，出现了逻辑错误，没有得到预期的结果。

解决此类问题，建议对使用的变量都强制进行显式声明，即在通用声明段使用 "Option Explicit On" 语句。

3．内部函数名输入错误。Visual Basic 提供了很多内部函数，在调用函数时要注意函数名称的正确拼写。如果函数名称写错，则程序运行时系统会显示响应的出错信息而中断。例如有如下代码：

```
Private Sub Form_Click()
Dim s1 As String, s2 As String
s1 = "Visual Basic"
s2 = midd(s1, 2, 5)
Print s2
```

```
End Sub
```

上述程序中，编程者错将求子串函数 Mid 写成 midd，在程序运行时，会弹出如图 2-3 所示的错误提示对话框，并将代码中的 midd 选中提醒编程者修改。

图 2-3 "子程序或函数未定义"编译错误提示对话框

实际上，判断函数名、控件名、属性名、方法名等是否写错，最简便的方法就是当该语句书写完后，按〈Enter〉键，系统会把正确的名称自动地转换成规定的首字母大写形式，否则为错误的名称。

4. 变量命名错误。在 Visual Basic 中，给变量命名要遵循一定的规则：必须以字母或汉字（中文系统中可用）开头，由字母、汉字、数字或下划线组成；长度不能超过 255 个字符；Visual Basic 不区分标识符中英文字母的大小写；不能使用 Visual Basic 中的关键字作为变量名，例如 Integer、Sub、While 等是不合法的标识符。此外也不能使用内部函数名作为变量名。例如有如下代码：

```
Private Sub Form_Click()
    Dim sqr As Integer, a As Single
    a = sqr(25)
    Print a
End Sub
```

上述程序中，编程者声明了一个整型变量 sqr，在程序中又调用了 sqr 函数，程序运行时，系统会弹出如图 2-4 所示的错误提示对话框。

图 2-4 "缺少数组"编译错误提示对话框

这说明，系统将函数调用 sqr(25)当成了整型变量，即在程序中使用函数名作为变量名，导致函数无效。

三、实验

1. 实验目的

1）掌握 Visual Basic 中的各种数据类型。

2）掌握变量的声明方法及命名规则。

3）掌握常量的使用方法。

4）掌握运算符和表达式的书写方法。

5）掌握常用内部函数的形式、功能和使用方法。

2．实验内容

1）设计一个简单的加法程序。"加法计算器"界面如图 2-5 所示。

图 2-5 "加法计算器"界面

2）设计程序，在文本框中输入球体的半径，计算球体的体积。运行界面参照图 2-5 所示。

3）设计一个钟表显示程序，运行时显示当前的年、月、日、星期及时间。

4）在立即窗口中测试以下常用内部函数的功能。

? Abs(−17.5)	? Abs(17.5)
? Sin(30)	? Sin(30*3.1415/180)
? Cos(30)	? Cos(30*3.1415/180)
? Tan(45)	? Tan(45*3.1415/180)
? Sqr(16)	? Sqr(4*4*4)
? Sgn(20.5)	? Sgn(−20.5)
? Sgn(0)	? Int(−17.5)
? Int(17.5)	? Fix(−17.5)
? Fix(17.5)	? Exp(1)
? Log(2.728)	? Log(2)/Log(10)
? Asc("a")	? Chr(65)
? Rnd	? Len("Visual Basic 程序设计基础")
? String(5,"ABCDE")	? Left("Visual Basic 程序设计基础",2)
? Right("Visual Basic 程序设计基础",2)	? Mid("Visual Basic 程序设计基础",3,2)
? UCase("Abcdef")	? LCase("Abcdef")
? UCase("Abcdef")	? LCase("Abcdef")
? InStr("Visual Basic 程序设计基础","基础")	? Date$
? Date	? Time
? Day("2009-10-01")	? Month("2009-10-01")
? Year("2009-10-01")	? WeekDay("2009-10-07")
? Hour("17:22:38")	? Minute("17:22:38")
? Second("17:22:38")	? Now
? Format(123.45,"0.0")	? Format(123.45,"0.000")

? Format(123.45,"#.#")   ? Format(123.45,"0000.0000")

? Format(123.45,"####.####")   ? Format(123.45,"0.#")

四、自测题

1. 选择题

1）整型变量所占的内存空间大小为＿＿＿＿＿字节。

　　（A）1　　　　　　（B）2　　　　　　（C）4　　　　　　（D）8

2）符号#是声明＿＿＿＿＿类型变量的类型说明符。

　　（A）Single　　　（B）Integer　　　（C）String　　　（D）Double

3）以下数值用整型变量表示，程序运行时，会产生"溢出"错误的是＿＿＿＿＿。

　　（A）−123　　　　　（B）32000　　　　（C）5000　　　　　（D）−50000

4）表达式 True+123 的计算结果是＿＿＿＿＿。

　　（A）123　　　　　（B）124　　　　　（C）122　　　　　（D）False

5）下面＿＿＿＿＿是合法的变量名。

　　（A）Student　　　（B）Single　　　（C）True　　　　　（D）2009

6）下面＿＿＿＿＿是合法的单精度变量。

　　（A）n%　　　　　（B）n#　　　　　（C）n@　　　　　（D）n!

7）下面＿＿＿＿＿是合法的字符串常量。

　　（A）'visual basic6.0 程序设计'　　　（B）"visual basic6.0 程序设计"

　　（C）visual basic6.0 程序设计　　　（D）visual basic6.0 程序设计$

8）在 Visual Basic 中，下列运算符优先级最高的是＿＿＿＿＿。

　　（A）*　　　　　　（B）>　　　　　　（C）And　　　　　（D）&

9）表达式 34/4 + 3^3 Mod 36\5 的计算结果是＿＿＿＿＿。

　　（A）14.5　　　　　（B）15　　　　　（C）23　　　　　　（D）4

10）表达式 123 + Mid("123456", 3, 2)的计算结果是＿＿＿＿＿。

　　（A）"12334"　　　（B）123　　　　　（C）12334　　　　（D）157

11）表达式 123 & Mid("123456", 3, 2)的计算结果是＿＿＿＿＿。

　　（A）"12334"　　　（B）123　　　　　（C）12334　　　　（D）157

12）表达式 Len("visual basic 程序设计")的计算结果是＿＿＿＿＿。

　　（A）16　　　　　（B）32　　　　　（C）20　　　　　　（D）40

13）表达式 LenB("visual basic 程序设计")的计算结果是＿＿＿＿＿。

　　（A）16　　　　　（B）32　　　　　（C）20　　　　　　（D）40

14）Rnd 函数不可能产生下列＿＿＿＿＿值。

　　（A）0　　　　　　（B）1　　　　　　（C）0.5　　　　　（D）0.9999

15）Int(30.555 * 100+0.5)/100 的结果是＿＿＿＿＿。

　　（A）30　　　　　（B）30.55　　　　（C）31　　　　　　（D）30.56

16）以下关系表达式中，其值为 True 的是＿＿＿＿＿。

　　（A）"ABC" > "abc"　　　　　　　　（B）"女" > "男"

（C）"123" > "234"　　　　　　　　　　　（D）"BASIC" = UCase("basic")

17）表达式 Right("Visual Basic6.0", 8)的结果是＿＿＿＿＿＿。

　　（A）"Basic6.0"　　（B）"Visual B"　　（C）"c6.0"　　　　（D）"Visual Ba"

18）若用□表示空格字符，则表达式 Len(LTrim("□□□Basic6.0□□□□") & RTrim("□□□□程序设计□□□"))的计算结果是＿＿＿＿＿＿。

　　（A）26　　　　　（B）20　　　　　（C）12　　　　　（D）16

19）在同一行上可以书写多条较短的语句，各条语句间用＿＿＿＿＿＿符号分隔。

　　（A），　　　　　（B）:　　　　　（C）、　　　　　（D）;

20）一条语句可分若干行书写，用＿＿＿＿＿＿作为续行符。

　　（A）_　　　　　（B）+　　　　　（C）-0　　　　　（D）/

21）\、/、Mod、*4 个算术运算符中，优先级最低的是＿＿＿＿＿＿。

　　（A）\　　　　　（B）/　　　　　（C）Mod　　　　　（D）*

22）120+"50" 运算结果的数据类型是＿＿＿＿＿＿。

　　（A）整型　　　　（B）字符串型　　　（C）长整型　　　　（D）双精度型

23）系统符号常量的定义通过＿＿＿＿＿＿获得。

　　（A）对象浏览器　　（B）代码窗口　　（C）属性窗口　　　（D）工具箱

24）Int(100*Rnd( ))产生的随机整数在闭区间＿＿＿＿＿＿内。

　　（A）[0,99]　　　（B）[1,100]　　　（C）[0,100]　　　（D）[1,99]

25）Visual Basic 认为下面＿＿＿＿＿＿组变量是同一个变量。

　　（A）A1 和 a1　　　　　　　　　　　（B）Sum 和 Summary

　　（C）Aver 和 Average　　　　　　　　（D）A1 和 A_1

26）x+y 小于 10 且 x-y 大于 0 的逻辑表达式是＿＿＿＿＿＿。

　　（A）x+y<10 OR x-y>0

　　（B）(x+y)<10:(x-y)>0

　　（C）x+y<10 AND x-y>0

　　（D）x+y<10 XOR x-y>0

27）表达式(-1) *Sgn(-100+Int(Rnd*100))的值是＿＿＿＿＿＿。

　　（A）0　　　　　（B）1　　　　　（C）-1　　　　　（D）随机数

28）表达式(7\3+1) * (18\5-1)的值是＿＿＿＿＿＿。

　　（A）8.76　　　（B）7.8　　　　（C）6　　　　　（D）6.67

29）表达式 2+3*4^5-Sin(X+1)/2 中最先进行的运算是＿＿＿＿＿＿。

　　（A）4^5　　　　（B）3*4　　　　（C）x+1　　　　（D）SIN

30）表达式 25.28 Mod 6.99 的值是＿＿＿＿＿＿。

　　（A）1　　　　　（B）5　　　　　（C）4　　　　　（D）出错

31）表达式 4+5\6*7/8 Mod 9 的值是＿＿＿＿＿＿。

　　（A）4　　　　　（B）5　　　　　（C）6　　　　　（D）7

32）表达式 Mid("SHANGHAI",6,3)的值是＿＿＿＿＿＿。

　　（A）SHANGH　　（B）SHA　　　　（C）ANGH　　　　（D）HAI

33）不能正确表示条件"k 是 2 的倍数"的表达式为＿＿＿＿＿＿。

（A）K Mod 2 = 0   （B）K/2 = K\2

（C）K−2 * Int (K/2) = 0   （D）K\2 = Int (K/2)

34）产生[10,37]之间的随机整数的 VisualBasic 表达式是_____。

（A）Int(Rnd(1) *27)+10   （B）Int(Rnd(1) *28)+10

（C）Int(Rnd(1) *27)+11   （D）Int(Rnd(1) *28)+11

35）函数 String(n, "str")的功能是_____。

（A）把数值型数据转换为字符串

（B）返回由 n 个相同字符组成的字符串

（C）从字符串中取出 n 个字符

（D）从字符串中第 n 个字符的位置开始取子字符串

36）函数 Ucase(Mid("visual basic",8,8))的值为_____。

（A）visual   （B）basic   （C）VISUAL   （D）BASIC

37）如果 X 是一个正的实数，将千分位四舍五入，保留两位小数的表达式是_____。

（A）0.01*int(x+0.05)

（B）0.01*int(100* (x+0.005))

（C）0.01*int(100* (x+0.05))

（D）0.01*int(x+0.005)

38）如果将布尔常量值 True 赋值给一个整型变量，则整型变量的值为_____。

（A）0   （B）−1   （C）True   （D）False

39）若在变量使用之前强制定义，则应在"通用"的"声明"部分添加的语句是_____。

（A）Public   （B）Const   （C）Option Explicit   （D）Explicit Static

2. 填空题

1）在 Visual Basic 中，12345、12345&、1.2345E+5、1.2345D+5、"12345"这 5 个常量的类型分别是_____。

2）语句"Dim a&,b!,c\$"，则变量 a 为_____类型，b 为_____类型，c 为_____类型。

3）单精度型数据在内存中占_____字节存储空间，双精度型数据在内存中占_____字节存储空间。

4）表示变量 x 在区间[3，8)上的 Visual Basic 表达式为_____。

5）函数 Len(Str(Val("123.456")))的计算结果是_____。

6）表达式 Int(19.8) + Int(−19.8) + Fix(19.8) + Fix(−19.8)的计算结果是_____。

7）在 Visual Basic 中可以调用任何 Windows 中的应用程序，这一功能通过_____函数实现。

8）表达式 LCase(Mid("Visual Basic", 3, 4))的计算结果是_____。

9）要产生一个 200～500 之间的随机正整数，应使用表达式_____。

10）表示 x 是 6 或 7 的倍数的逻辑表达式为_____。

11）数学表达式 $\frac{a+b}{3c+2d} - abc$ 的 Visual Basic 表达式为_____。

12）数学表达式 $\frac{\sqrt{\sin^2 15^0 + \cos^2 75^0}}{x + y} - \ln(3x)$ 的 Visual Basic 表达式为_____。

13）在 Visual Basic 的代码窗口中，一行中最多可以书写_____个字符。

14）在 Visual Basic 代码中可以加注释，注释以_____开头或用_____引导。

15）a 和 b 中有且只有一个为 1，相应的 Visual Basic 逻辑表达式为_____。

16）A 和 B 同为正整数或同为负整数的 Visual Basic 表达式为_____。

17）Print "x="& (2=4)的结果为_____。

18）Visual Basic 的基本表达式包括算术表达式、关系表达式和_____表达式。

19）Visual Basic 的连接运算符包括_____运算符和+运算符两种。

20）Visual Basic 中变量的声明有两种方法：隐式声明和_____。

21）把条件 1≤X<12 写成 Visual Basic 关系表达式为_____。

22）把整数 0 赋给一个逻辑型变量，则逻辑变量的值为_____。

23）把整型数 1 赋给一个逻辑型变量，则逻辑变量的值为_____。

24）变量 min& 表示_____类型的变量。

25）变量 min@ 表示_____类型的变量。

26）大于 X 的最小整数用 Visual Basic 表达式表示形式为_____。

27）当 x=2 时，语句 if x=2 then Print x=2 的结果值是_____。

28）对于 Visual Basic 中没有显式声明的变量，其默认类型为_____。

29）可将小写字符转换为大写字符的函数是_____。

30）默认情况下，所有未经显式声明的变量均视为 Variant 类型，如果要强制变量的声明，应在模块的通用声明段使用_____语句。

31）求 x 与 y 之积除以 z 的余数的 Visual Basic 表达式为_____。

32）声明单精度常量 g（重力加速度）代表 9.8 可写成_____。

33）声明单精度常量 P1 代表 3.14159 的语句为_____。

34）声明定长为 10 个字符变量 Sstr 的语句为_____。

35）数据 123 是 Integer 类型常量，而 "123" 是_____类型常量。

36）说明变量类型有隐含类型说明和_____两种方法。

37）算术运算、逻辑运算、关系运算中优先级别最高的是_____。

38）写出用随机函数产生一个 200～300 之间整数的 Visual Basic 表达式_____。

39）对于系数依次为 a，b，c 的一元二次方程，有实根的条件为：a 不等于 0，并且判别式大于等于 0，列出该条件表达式_____。

40）在 Visual Basic 程序运行的过程中，不中止本程序的运行，同时又可调用系统中已有的应用程序 c:\windows\Calc.exe，可在程序代码窗口必要的地方添加语句_____。

41）在\、+、Mod、*这 4 个算术运算符中，优先级最高的是_____。

42）在 IF 语句中，如果判断条件为"x=100 或者 0<x<60"，则相应的条件表达式是_____。

43）在 Visual Basic 中，变量名最长可达_____个字符。

44）在 Visual Basic 中，设 Single 型变量 XYZ 的值为 123.45，若要将其转换成字符串，应使用的类型转换函数是_____。

45）在 Visual Basic 中，若要将字符串"12345"转换成数字值，应使用的类型转换函数是_____。

46）在 Visual Basic 中，12324、123456&、12345E+5、1.2345D+5 这 4 个常数分别表示

整型、长整型、_____、双精度类型。

47）在一条 Dim 语句中可以声明多个变量，如有以下语句：Dim strVar, intVar, sngVar As Integer，则 strVar、intVar 与 sngVar 的数据类型分别是 Variant、Variant 和_____。

48）征兵的条件：男性（sex）年龄（age）在 18～20 岁之间，身高（size）在 1.65 米以上；或者女性年龄在 16～18 岁之间，身高在 1.60 米以上，列出逻辑表达式_____。

49）整型 Integer 的类型符是%，字符型 String 的类型符是_____。

3．判断题

1）+用做连接字符串的运算符时，会自动将非字符串类型数据转换成字符串，然后进行连接。

2）128/4+COS（28°）为合法的 Visual Basic 表达式。

3）A&B 和 AB 都可以作为 Visual Basic 的变量名。

4）Dim i，j as integer 表明 i 和 j 都是整型变量。

5）Single 和 Double 型用于保存浮点数，在 Visual Basic 中定义单精度浮点 8 位、双精度浮点 16 位。

6）Variant 是一种数据类型，只能存放像其他数据类型的数据，无特殊值。

7）Variant 是一种特殊的数据类型，Variant 类型变量可以存储除了定长字符串数据及自定义类型外的所有系统定义类型的数据。Variant 类型变量还可具有 Empty、Error 和 Null 等特殊值。

8）Visual Basic 表达式 3*cos (c+d)^2 与 3*cos (c+d) *cos (c+d) 完全等价。

9）Visual_Basic 是合法的变量名。

10）表达式 Int(Rnd * 4+0.5) 可能的全部值是 1、2、3、4。

11）表示年龄 L 超过 30 且体重 W 小于 62.5 千克的人，表示该条件的布尔表达式为 L≥30 Or W< 62.5。

12）表示条件"k 是 3 的倍数"的表达式为 k Mod 3=0。

13）常量可分成两种：一种是系统预定义常量，另一种是用户自定义常量。

14）好的程序设计风格包括给变量、常量命名时要见名知意。

15）计算机在处理数据时必须将其装入内存，在高级语言中通过内存单元名来访问其中的数据，命名的内存单元就是常量或变量。

16）可以用&、+合并字符串，但是用在变体型变量时，+可能会将两个数值加起来。

17）利用 Private Const 声明的符号常量，在代码中不可以再赋值。

18）取模运算符的优先级高于整除运算符。

19）设 a=2，b=3，c=4，d=5，则表达式 3>2*b Or a=c And b<>c Or c<d 的值为 True。

20）设 A=3，B=4，C=5，D=6，则表达式 A>B And C<=D Or 2* A>C 的值是 False。

21）所有的 Visual Basic 的变量，都有隐含说明字符和强调声明两种方法来定义。

22）已知三角形的两边分别为 a、b，它们的夹角为 0.8 弧度，在 Visual Basic 中可用表达式 a * b * Sin(0.8)/2 求出该三角形的面积。

23）通过变量名对变量的内容进行使用或修改，则使用变量就是引用变量的内容。

24）语句 Print "12+34=" ; 12+34 的输出结果为 46。

25）在 Visual Basic 中 Dim a ,b,c as Integer 和 Dim a as Integer, b as Integer,c as Integer 相同。

26）在 Visual Basic 中，若在代码窗口的"通用—声明"处输入语句：Option Explicit，则该窗体的所有变量必须先声明后使用。

27）在 Visual Basic 中，运算 "ABCDE123A" Like "[a*a] "的结果是 True。

28）在 Visual Basic 中，运算 "D" Like "[! A–Z]" 的结果是 True。

29）在 Visual Basic 中，运算"ABA"Like"[a?a]"的结果是 False。

30）在 Visual Basic 中，运算符优先级从高到低的顺序是：算术运算符、字符运算符、关系运算符、逻辑运算符。

31）在 Visual Basic 中，字符型常量应使用#号将其括起来。

32）在表达式中，运算符两端的数据类型要求一致。

33）在程序执行的过程中，变量的值始终保持不变，常量的值可以随时改变。

34）整型和长整型的区别在于前者取值范围更大。

五、自测题答案

1．选择题

1）B　　2）D　　3）D　　4）C　　5）A　　6）D　　7）B　　8）A　　9）A　　10）D

11）A　12）A　13）B　14）B　15）D　16）D　17）A　18）B　19）B　20）A

21）C　22）D　23）A　24）A　25）A　26）C　27）B　28）C　29）C　30）C

31）B　32）D　33）D　34）B　35）B　36）D　37）B　38）B　39）C

2．填空题

1）整型（或 Integer）、长整型（或 Long）、单精度型（或 Single）、双精度型（或 Double）和字符型（或 String）

2）长整型（或 Long）、单精度（或 Single）、字符（或 String）

3）4、8

4）3<=x And x<8

5）8

6）−1

7）Shell

8）Sual

9）Int(Rnd*301+200)

10）X Mod 6=0 Or x Mod 7=0

11）(a+b)/(3*a+2*d)−a*b*c

12）Sqr(sin(15*3.14159/180)^2+cos(75*3.14159/180)^2)/(x+y)−log(3*x)

13）255

14）Rem、撇号

15）a=1 xor b=1

16）A=Int(A) AND B=Int(B) AndA*B>0

17）x=False

18）逻辑

19）&

20）显式声明

21）x>=1 and x<12 或 x<12 and x>=1

22）False

23）True

24）长整型

25）货币（Currency）

26）Int(x)+1 或 Int(x+1)

27）True

28）变体型（Variant）

29）Ucase

30）Option Explicit

31）x*y Mod z

32）Const g=9.8 或 Const single g=9.8

33）Const PI=3.14159 或 Const PI As Single = 3.14159

34）Dim Sstr as String*10

35）String 或字符串

36）强制类型或强制类型说明

37）算术运算

38）200+Int(Rnd*100)或 200+Int(100*Rnd)或 200+Int(Rnd*101)或 Int(200+Rnd*101)

39）a<>0 and b^2–4*a*c>=0□a<>0 and b*b–4*a*c>=0

40）shell("c:\windows\Calc.exe")□shell("calc.exe")

41）*

42）x = 100 or x > 0 and x < 60

43）255

44）STR 或 CSTR

45）VAL 或 Cint

46）单精度

47）Integer 或整型

48）(sex And age>=18 And age<=20 And size>=1.65) Or (not sex And age>=16 And age<=18 And size>=1.60)

49）$

3．判断题

1）F　2）F　3）F　4）F　5）F　6）F　7）T　8）T　9）T　10）F

11）F　12）T　13）T　14）T　15）T　16）T　17）T　18）F　19）T　20）F

21）F　22）T　23）T　24）F　25）F　26）T　27）F　28）F　29）T　30）T

31）F　32）T　33）F　34）F

六、实验参考程序

1. 实验 1 参考程序如下。

```
Private Sub Command1_Click()
    Dim a As Integer, b As Integer, c As Integer
    a = Val(Text1.Text)
    b = Val(Text2.Text)
    c = a + b
    Label3.Caption = c
End Sub
Private Sub Command2_Click()
    End
End Sub
```

2. 实验 2 参考程序如下。

```
Private Sub Command1_Click()
    Dim r As Single, v As Single
    Const PI = 3.14159
    r = Val(Text1.Text)
    v = 4/3*PI*r^3
    Text2.Text = v
End Sub
Private Sub Command2_Click()
    End
End Sub
```

3. 实验 3 参考程序如下。

```
Private Sub Timer1_Timer()
    Dim n As Integer
    Text1.Text = Year(Now)
    Text2.Text = Month(Now)
    Text3.Text = Day(Now)
    n = Weekday(Now)
    Select Case n
        Case 1
            Text4.Text = "日"
        Case 2
            Text4.Text = "一"
        Case 3
            Text4.Text = "二"
        Case 4
            Text4.Text = "三"
        Case 5
            Text4.Text = "四"
```

```
            Case 6
                Text4.Text = "五"
            Case 7
                Text4.Text = "六"
        End Select
        Text5.Text = Time
    End Sub
```

4．略

第3章 窗体和基本控件

一、知识要点

1. Visual Basic 中的基本概念

1) 对象：数据和操作相结合的统一体，类是同类对象的抽象，对象是类的一个实例。

2) 属性：用于描述对象当前状态的特征，是对象的一项描述性内容，可以利用属性窗口或代码窗口进行设置。

3) 方法：对象所具有的动作和行为，这些动作和行为像属性一样已经成为了对象的一部分。

4) 事件：Visual Basic 本身预先设定好的，能被对象识别的动作。

2. 基本控件

1) 窗体：作为设计程序的"画布"，具有 Name、Caption、Font 等基本属性。这些基本属性和其他控件是相同的。

2) 标签：用于显示文字信息，一般都是通过 Caption 属性进行设置。在程序运行时，不能作为与用户时时交互的文字输入界面。

3) 文本框：用于显示和输入文本信息，可以通过 Text 属性进行设置，可以用于简单文本编辑器的设计。SelStart、SelLength、SelText 是其在文本编辑器设计中要用到的 3 个重要属性。

4) 命令按钮：用于触发预先设定好的事件过程，一般通过 Click 事件完成，可以通过加载图片或文字来显示命令按钮的作用。

二、常见错误和疑难分析

1) 对象的属性、方法、事件分不开。在设置对象的属性时，首先选定对象，然后在对应的属性窗口进行设置；对象的方法在属性窗口中是找不到的，只有在代码窗口中才可以使用；事件是预先设定好的，在代码窗口中选中相应控件后，即可出现控件的相应可用事件，无需用户自己编写。

2) Name 属性和 Caption 属性分不清。Name 属性是在编辑过程中用以区别控件或窗体的标识，一个程序中任何控件或窗体的 Name 属性都不能相同；Caption 属性用于在控件上显示文本内容，不同控件可以有相同的 Caption 属性。

3) 标签控件和文本框控件分不开。标签只能用于显示信息，而无法在程序运行之后输入任何信息；文本框既可以输入也可以编辑显示文字信息。

4) 控件的 Enabled 属性、Visible 属性没有任何显示。控件的 Enabled 属性、Visible 属性在设计时是不起作用的，只有在运行时才起作用。

5）文本框的 ScrollBars 属性为非 0 值却不起作用。要使其在设计和运行时起作用，必须把文本框的 MultiLine 属性设置为 True。

6）无意中形成控件数组。对于初学者来说，这一点很重要。在设计时通过复制、粘贴等操作无意中形成了控件数组，当出现是否建立控件数组时，不知道该如何处理，建议初学时通过拖放的方法把控件放到界面上。对于控件数组会在后边的章节中进行介绍。

7）输入法错误。在 Visual Basic 中，除了汉字之外，其余字符必须是英文输入法，有些初学者在输入的时候不注意，尤其是输入了中文标点符号，在编译的时候就会报错。

三、实验

1．实验目的
1）掌握基本控件的使用方法。
2）学会区分控件的属性、事件和方法。
2．实验内容
1）在名称为 Form1 的窗体上放置两个标签（Label1 和 Label2，标题分别为"姓名"和"年龄"）、两个文本框（名称分别为 Text1 和 Text2，Text 属性为空）和一个命令按钮（名称为 Command1，标题为"显示"），然后编写命令按钮的单击事件过程。程序运行后，在两个文本框中分别输入姓名和年龄，然后单击"显示"按钮，则在窗体上显示两个文本框中的内容，运行界面如图 3-1 所示。

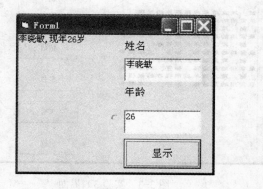

图 3-1　实验 1）界面

2）在名称为 Form1 的窗体上放置一个标签（加入边框，其上显示的文字为"我们的祖国多美丽"）、6 个按钮（名称分别为 Command1、Command2、Command3、Command4、Command5、Command6，标题对应分别为"文字在左"、"文字居中"、"文字在右"、"标签在左"、"标签居中"、"标签在右"），运行之后单击相应的按钮，此时标签里的文字或标签即可进行相应的移动。运行界面如图 3-2 所示（注：文字的样式、字号等用户自行设计）。

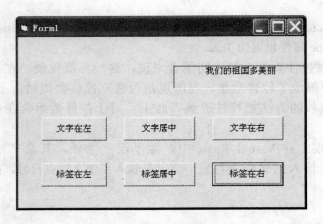

图 3-2 实验 2）界面

3）在 Form1 上放置一个文本框（名称为 Text1，要求支持多行输入并且加上水平和垂直滚动条，Text 属性为空），放置 6 个按钮（名称为 Command1、Command2、Command3、Command4、Command5、Command6，标题对应分别为"复制"、"剪切"、"粘贴"、"隶书"、"加粗"、"30 磅"）。运行之后，先在文本框中输入一段文字，然后选中其中的一段文字，进行复制、剪切和粘贴操作，最后对文本框中的字体进行相应的设置，运行界面如图 3-3 所示。

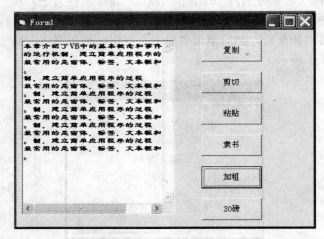

图 3-3 实验 3）界面

4）简单的四则运算。在 Form1 上放置 5 个按钮（Command1～Command5，其中 Command1～Command4 用来作为四则运算的选择按钮，其对应的 Caption 属性为 +、−、×、÷，其初始 Enabled 属性为 False，Command5 的初始 Enabled 属性为 True，其 Caption 属性初始为"请选择运算类型"）、3 个文本框（Text1～Text3，其中 Text1、Text2 的 Enabled 属性为 False，Text3 的 Enabled 属性为 True，它们的 Text 属性均为空）及 3 个标签（Label1～Label3，其中 Label1 和 Label3 的 Caption 属性为空，Label2 的 Caption 属性为 =）。首先单击"请选择运算类型"按钮，选定运算类型后，程序自动生成两个小于 100 的整数。用户将计算结果输入结果文本框中，按〈Enter〉键，就能看到结果。运行界面如图 3-4 所示。

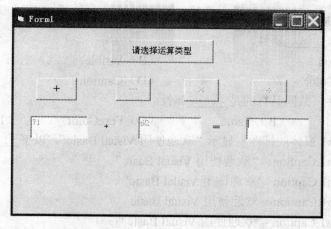

图 3-4 实验 4）界面

四、自测题

1. 选择题

1）在 Visual Basic 中最基本的对象是_____，它是应用程序的基石，是其他控件的容器。

   （A）文本框   （B）命令按钮

   （C）窗体   （D）标签

2）有程序代码如下：

     Text1. Text= "Visual Basic"程序

则 Text1、Text 和"Visual Basic"分别代表_____。

   （A）对象、值、属性   （B）对象、方法、属性

   （C）对象、属性、值   （D）属性、对象、值

3）Visual Basic 是一种面向对象的程序设计语言，_____ 不是面向对象系统所包含的三要素。

   （A）变量   （B）事件   （C）属性   （D）方法

4）对于窗体，在程序运行时_____属性的设置起作用。

   （A）MaxButton   （B）BorderStyle

   （C）Name   （D）Left

5）要使 Print 方法在 Form_Load 事件中起作用，要对窗体的_____属性进行设置。

   （A）BackColor   （B）ForeColor

   （C）AutoRedraw   （D）Caption

6）若要使标签控件显示时不覆盖其背景内容，要对_____属性进行设置。

   （A）BackColor   （B）BorderStyle

   （C）ForeColor   （D）BackStyle

7）若要使命令按钮不可操作，要对_____属性进行设置。

   （A）Enabled   （B）Visible

（C）BackColor （D）Caption

8）文本框没有_____属性。

（A）Enabled （B）Visible

（C）BackColor （D）Caption

9）不论何控件，共同具有的是_____属性。

（A）Text （B）Name （C）ForeColor （D）Caption

10）要使 Form1 窗体的标题栏显示"欢迎使用 Visual Basic"，以下_____语句是正确的。

（A）Form1.Caption="欢迎使用 Visual Basic"

（B）Form1.Caption='欢迎使用 Visual Basic'

（C）Form1.Caption= 欢迎使用 Visual Basic

（D）Form1.Caption= "欢迎使用 Visual Basic "

11）要使某控件在运行时不显示，应对_____属性进行设置。

（A）Enabled （B）Visible

（C）BackColor （D）Caption

12）在运行时，要使窗体不可改变大小且没有最大化和最小化按钮，只要对下列_____属性设置就可以。

（A）MaxButton （B）BorderStyle

（C）Width （D）MinButton

13）当运行程序时，系统自动执行启动窗体的_____事件过程。

（A）Load （B）Click

（C）UnLoad （D）GotFocus

14）为文本框的 ScrollBars 属性设置了非零值，却没有效果，原因是_____。

（A）文本框中没有内容

（B）文本框的 MultiLine 属性为 False

（C）文本框的 MuhiLine 属性为 True

（D）文本框的 Locked 属性为 True

15）要判断是否在文本框按了〈Enter〉键，应在文本框的_____事件中判断。

（A）Change （B）KeyDown

（C）Click （D）KeyPress

16）如果文本框的 Enabled 属性设为 False，则_____。

（A）文本框的文本将变成灰色，并且此时用户不能将光标置于文本框上

（B）文本框的文本将变成灰色，用户仍然能将光标置于文本框上，但是不能改变文本框中的内容

（C）文本框的文本将变成灰色，用户仍然能改变文本框中的内容

（D）文本框的文本正常显示，用户能将光标置于文本框上，但是不能改变文本框中的内容

17）下列关于键盘事件的说法中，正确的是_____。

（A）按下键盘上的任意一个键，都会引发 KeyPress 事件

（B）大键盘上的 1 键和数字键盘上的 1 键的 KeyCode 码相同

（C）KeyDown 和 KeyUp 的事件过程中有 KeyAscii 参数

（D）大键盘上的 4 的上档字符是$，当同时按下〈Shift〉键和大键盘上的〈4〉键时，KeyPress 事件过程中的 KeyAscii 参数值是$的 ASCII 码值

18）可以使命令按钮（名称为 Command1）左移 100 的语句是_____。

（A）Command1.Move –100 　　　　　（B）Command1.Move 100

（C）Command1.Left=Command1.Left+100　（D）Command1.Left=Command1.Left–100

19）关于 Visual Basic 中方法的概念叙述错误的是_____。

（A）方法是对象的一部分　　　　　（B）方法是预先定义好的操作

（C）方法是对事件的响应　　　　　（D）方法用于完成某些特定的功能

20）编写如下两个事件过程：

```
Private Sub Form_KeyDown(KeyCode As Integer, Shift As Integer)
    Print Chr(KeyCode)
End Sub
Private Sub Form_KeyPress(KeyAscii As Integer)
    Print Chr(KeyAscii)
End Sub
```

一般情况下（即不按〈Shift〉键和〈Caps Lock〉键时）运行程序时，如果按〈A〉键，则程序的输出结果是_____。

（A）　A　（B）a　（C）A　（D）d
　　　a　　　　A　　　A　　　a

21）在运行阶段，如果在文本框 Text1 中获得焦点时选中文本框中的所有内容，对应的事件过程是_____。

（A）Private Sub Text1_Change()
　　　Text1.SelStart = 0
　　　Text1.SelLength = Len(Text1.Text)
　　End Sub

（B）Private Sub Text1_GotFocus()
　　　Text1.SelStart = 0
　　　Text1.SelLength = Len(Text1.Text)
　　End Sub

（C）Private Sub Text1_LostFocus()
　　　Text1.SelStart = 0
　　　Text1.SelLength = Len(Text1.Text)
　　End Sub

（D）Private Sub Text1_SetFocus()
　　　Text1.SelStart = 0
　　　Text1.SelLength = Len(Text1.Text)
　　End Sub

22）当窗体上的文字或图形被覆盖或最小化后恢复原貌，需要设置的窗体属性是_____。

（A）Appearance　　（B）Visible　　　（C）Enabled　　　（D）Autoredraw

23）与键盘操作相关的事件是 KeyPress、KeyUp 事件和 KeyDown 事件，当用户按下并

且释放一个键后，这 3 个事件发生的顺序是_____。

（A）KeyDown、KeyPress、KeyUp　　（B）KeyDown、KeyUp、KeyPress

（C）KeyPress、KeyDown、KeyUp　　（D）没有规律

24）假定窗体上有一个标签，名称为 Label1，为了使该标签透明并且没有边框，正确的属性设置是_____。

（A）Label1.BackStyle = 0　　Label1.BorderStyle = 0

（B）Label1.BackStyle = 1　　Label1.BorderStyle = 1

（C）Label1.BackStyle = True　　Label1.BorderStyle = True

（D）Label1.BackStyle = False　　Label1.BorderStyle = False

25）为了在运行时能显示窗体左上角的控制框（系统菜单），必须_____。

（A）把窗体的 ControlBox 属性设置为 False，其他属性任意

（B）把窗体的 ControlBox 属性设置为 True，并且把 BorderStyle 属性设置为 1~5

（C）把窗体的 ControlBox 属性设置为 False，同时把 BorderStyle 属性设置非 0 值

（D）把窗体的 ControlBox 属性设置为 True，同时把 BorderStyle 属性设置为 0 值

2. 填空题

1）对象的属性是指_____。

2）对象的方法是指_____。

3）对象的事件是指_____。

4）在刚建立工程时，为了使窗体上的所有控件具有相同的字体格式，应对_____的_____属性进行设置。

5）将文本框的 ScrollBars 的属性设置为 2（有垂直滚动条），但没有垂直滚动条显示，是因为没有把_____属性设置为 True。

6）在代码窗口对窗体的 BorderStyle、MaxButton 属性进行了设置，但运行后没有效果，原因是这些属性_____。

7）当将命令按钮的 Picture 属性设置到 BMP 图形文件后，选项按钮上并没有显示所需的图形，原因是没有将_____属性设置为 1（Graphical）。

8）在文本框中，通过_____属性能获得当前插入点所在的位置。

9）要对文本框中已有的内容进行编辑，按下键盘上的键，就是不起作用，原因是设置了_____的属性为 True。

10）在窗体上已建立多个控件如 Text1、Label1、Command1，若要使程序一运行焦点就定位在 Command1 控件上，应把 Command1 控件的_____属性的值设置为_____。

11）标签控件的_____属性，决定其中文本的字体。

12）为了使标签框的大小由 Caption 属性的值进行控制，应将标签控件的_____属性设置为_____。

13）为了防止用户编辑文本框中的内容，应设置该控件的_____属性值为_____。

14）当在某文本框（Text1）中输入数据后（按了〈Enter〉键），判断结果认为数据输入错误，可以通过_____代码删除原来的数据，然后通过_____代码使焦点回到该文本框上，重新输入。

15）若要在窗体上的 3 个文本框中输入数据，可通过按〈Tab〉键（系统本身有的）或者

按〈Enter〉键移动各控件焦点，此时要对文本框的_____事件编程。

16）_____方法用于移动窗体或控件，并可改变其大小。

17）_____方法用于清除运行时在窗体或图形框中显示的文本或图形。

18）在 Visual Basic 中，命令按钮有标准和图形两种显示形式，用户可以通过_____属性来设置。若选择图形显示方式，可以通过_____属性来装入图形。

19）Visual Basic 中的对象可分为两类，分别是_____和_____。

3．判断题

1）Visual Basic 是一种面向应用的编程环境。

2）属性是描述对象特征的数据。

3）事件是能被对象识别的动作。

4）方法指示对象的行为。

5）Visual Basic 程序采用的是面向对象的运行机制。

6）对象就是自定义结果变量。

7）对象是特征和操作的封装体。

8）窗体上已经放置了一个文本对象 Text1，用户可以通过 LostFocus 事件获得输入键的 ASCII 码。

9）要在文本框中显示输入的文字，只需要对文本框的 Caption 属性进行设置。

10）在设计时，要在标签中显示输入的文字，可以在其 Text 属性中进行设置。

五、自测题答案

1．选择题

1）C　2）C　3）A　4）D　5）C　6）D　7）A　8）D　9）B　10）D　11）B　12）B　13）A　14）B　15）D　16）A　17）D　18）D　19）C　20）A　21）B　22）D　23）A　24）A　25）B

2．填空题

1）对象的性质，用来描述和反映对象特征的参数

2）对象的动作、行为

3）发生在对象上的行为

4）Form 或窗体、Font

5）MultiLine

6）在运行时的设计是无效的

7）Style

8）SelStart

9）Locked

10）TabIndex、0

11）Fontname

12）AutoSize、True

13）Locked、True

14）Text1=" " 、Text1.SetFocus

15）KeyPress

16）Move

17）Cls

18）Style、Picture

19）系统预定义对象、用户自定义对象

3．判断题

1）F 2）T 3）T 4）T 5）F 6）F 7）T 8）F 9）F 10）F

六、实验参考程序

1）实验1）参考程序如下。

```
Private Sub Command1_Click()    ' 显示按钮
    Print Text1.Text; ",现年"; Text2.Text; "岁"
End Sub
```

2）实验2）参考程序如下。

```
Private Sub Command1_Click()    ' 文字在左
    Label1.Alignment = 0
End Sub
Private Sub Command2_Click()    ' 文字居中
    Label1.Alignment = 2
End Sub
Private Sub Command3_Click()    ' 文字在右
    Label1.Alignment = 1
End Sub
Private Sub Command4_Click()    ' 标签在左
    Label1.Left = 0
End Sub
Private Sub Command5_Click()    ' 标签居中
    Label1.Left = Form1.Width / 2–Label1.Width/2
End Sub
Private Sub Command6_Click()    ' 标签在右
    Label1.Left = Form1.Width–Label1.Width
End Sub
```

3）实验3）参考程序如下。

```
Dim p As String
Private Sub Command1_Click()    ' 复制
    p = Text1.SelText
End Sub
Private Sub Command2_Click()    ' 剪切
    p = Text1.SelText
    Text1.SelText = ""
End Sub
```

```vb
Private Sub Command3_Click()    ' 粘贴
    Text1.SelText = p
End Sub
Private Sub Command4_Click()    ' 隶书
    Text1.FontName = "隶书"
End Sub
Private Sub Command5_Click()    ' 加粗
    Text1.FontBold = True
End Sub
Private Sub Command6_Click()    ' 30 磅
    Text1.FontSize = 30
End Sub
```

4）实验 4）参考程序如下。

```vb
Dim result As Integer
Private Sub Command1_Click()    ' 加法
    Label1.Caption = "+"
    Command2.Enabled = False
    Command3.Enabled = False
    Command4.Enabled = False
    Randomize
    Text1.Text = Int(Rnd * 100)
    Text2.Text = Int(Rnd * 100)
    Text3.SetFocus
    result = 0
    result = Val(Trim(Text1.Text)) + Val(Trim(Text2.Text))
End Sub
Private Sub Command2_Click()    ' 减法
    Label1.Caption = "-"
    Command1.Enabled = False
    Command3.Enabled = False
    Command4.Enabled = False
    Randomize
    Text1.Text = Int(Rnd * 100)
    Text2.Text = Int(Rnd * 100)
    Text3.SetFocus
    result = 0
    result = Val(Trim(Text1.Text))-Val(Trim(Text2.Text))
End Sub
Private Sub Command3_Click()    ' 乘法
    Label1.Caption = "*"
    Command1.Enabled = False
    Command2.Enabled = False
    Command4.Enabled = False
    Randomize
```

```vb
        Text1.Text = Int(Rnd * 100)
        Text2.Text = Int(Rnd * 100)
        Text3.SetFocus
        result = 0
        result = Val(Trim(Text1.Text)) * Val(Trim(Text2.Text))
    End Sub
    Private Sub Command4_Click()    ' 除法
        Label1.Caption = "÷"
        Command2.Enabled = False
        Command3.Enabled = False
        Command4.Enabled = False
        Randomize
        Text1.Text = Int(Rnd * 100)
        Text2.Text = Int(Rnd * 100)
        Text3.SetFocus
        result = 0
        result = Val(Trim(Text1.Text)) / Val(Trim(Text2.Text))
    End Sub
    Private Sub Command5_Click()    ' 开始按钮
        Command5.Caption = "请选择运算类型"
        Command1.Enabled = True
        Command2.Enabled = True
        Command3.Enabled = True
        Command4.Enabled = True
        Label3.Caption = ""
    End Sub
    Private Sub Text3_KeyPress(KeyAscii As Integer)    ' 判断答案正确
        If KeyAscii = 13 Then
        If Val(Trim(Text3.Text)) = result Then
        Label3.Caption = "恭喜你，答对了"
        Else: Label3.Caption = "对不起，你答错了"
        End If
        Text1.Text = ""
        Text2.Text = ""
        Text3.Text = ""
        Command5.Caption = "开始"
        Command1.Enabled = False
        Command2.Enabled = False
        Command3.Enabled = False
        Command4.Enabled = False
        Label1.Caption = ""
        End If
    End Sub
```

第4章 基本程序结构

一、知识要点

1. 结构化程序设计的思想

采用顺序、选择、循环等有限的基本控制结构表示程序逻辑；控制结构只允许有一个入口和一个出口；复杂结构应该用基本控制结构进行组合嵌套来实现；尽量少使用 GOTO 语句。

2. 顺序结构

顺序结构是指程序执行时，根据程序中语句的书写顺序依次执行语句序列，其程序执行流程是按顺序完成操作的。

3. 输入/输出

Visual Basic 中的输入/输出操作可以通过文本框控件、标签控件及 Print 方法来实现，除此之外还有 InputBox 函数、MsgBox 函数和过程。

4. 选择语句

Visual Basic 利用选择结构解决有关分类、判断和选择的操作。选择结构语句包括 If 语句，该语句又称分支语句，可以分为单分支、双分支和多分支等形式。

（1）单分支结构

格式一：

```
If  <表达式>  Then
    <语句块>
End  If
```

格式二：

```
If  <表达式>  Then  <语句>
```

（2）双分支结构

格式一：

```
If  <表达式>  Then
    <语句块 1>
Else
    <语句块 2>
End  If
```

格式二：

```
If  <表达式>  Then  <语句 1>  Else  <语句 2>
```

（3）多分支结构

格式：

```
If  <表达式 1>  Then
    <语句块 1>
ElseIf  <表达式 2>  Then
    <语句块 2>
...
[ Else
    <语句块 n+1> ]
End  If
```

（4）IIf 函数

```
IIf（表达式 1，表达式 2，表达式 3）
```

（5）Select Case 语句

语句格式如下：

```
Select Case <变量或表达式>
    Case <表达式列表 1>
        <语句块 1>
    Case <表达式列表 2>
    ...
    [Case  Else
        <语句块 n+1>]
End Select
```

5．循环

从控制流程看，如果一个程序模块的出口具有返回入口的流程线，就构成了循环。重复执行的语句序列称为循环体。进入循环的条件称为循环条件。

6．For…Next 循环语句

For…Next 语句是计数型循环语句，用于控制循环次数预知的循环结构。

语句格式如下：

```
For 循环控制变量 = 初值  To  终值  [Step  步长]
            循环体
Next 循环变量
```

7．Do…Loop 循环语句

Do…Loop 语句是根据条件决定循环的语句，通常用于控制循环次数未知的循环结构。该语句有两类语法形式。

（1）先判断条件形式

```
Do   [While | Until <条件>]
     循环体
Loop
```

（2）后判断条件形式

```
Do
      循环体
Loop    [While | Until <条件>]
```

8．双重循环

在一个循环体内又包含了一个循环结构称为循环的嵌套，也称为多重循环。

9．GoTo 语句

GoTo 语句的作用是无条件地跳转到行号或标号指定的语句。格式如下：

```
GoTo 行号|标号
```

10．Exit 语句

Exit 语句用于退出某种控制结构的执行。例如退出循环结构 Exit For、Exit Do，退出过程 Exit Sub、Exit Function 等。

11．End 语句

End 语句用于结束一个程序的运行，可放到任何一个事件过程中。格式如下：

```
End
```

在 Visual Basic 中，有多种形式的 End 语句，用于结束一个过程或语句块。End 语句的多种形式包括 End if、End Select、End With、End Type、End Sub、End Function 等，它与相应的语句配对使用。

12．程序的错误类型

程序中通常会出现 3 类错误：语法错误、运行错误和逻辑错误。

13．调试和排除的方法

调试和排除常用的方法有：插入断点和逐条语句跟踪，检查相关变量的值，分析错误产生的原因。

14．中断模式下，可以通过"立即"窗口、"本地"窗口、"监视"窗口查看变量的值。用户可在"视图"菜单中打开这些窗口。

二、常见错误和疑难分析

1）InputBox 函数参数使用不当。

InputBox 函数中的参数次序必须一一对应，除了 Prompt 不能省略外，其余各项均可省略。当省略中间某些参数时，必须加入逗号分隔，例如：

```
x = InputBox("请输入第一个加数", , 0)
```

最简单的形式为：

```
x = InputBox("")
```

2）混淆 InputBox 函数的返回值类型，造成运算结果错误。

InputBox 函数的返回值是一个字符串，当需要用 InputBox 函数输入数值时，可以使用 Val 函数把它转换为相应类型的数据，否则可能会得到不正确的结果。

3）MsgBox 函数和过程使用不当。

MsgBox 函数和过程的区别在于：MsgBox 函数只是语句的一个成分，不能独立存在，但它能提供一个函数返回值，对程序控制非常有用；MsgBox 过程相当一个语句，可以独立存在，它根据系统内部常数提供返回值，控制程序运行。

4）If 语句表达式为什么可以是算术表达式？

If 语句表达式一般为关系表达式、逻辑表达式，也可以为算术表达式。Visual Basic 中将非 0 值解释为 True，0 解释为 False。

5）如何嵌套 If 语句？

If 语句的嵌套是指 If 或 Else 后面的语句块中又包含 If 语句。嵌套结构中每个 If 语句必须与 End If 匹配，为了增强程序的可读性，书写时可以采用缩进方式。

6）如何执行多分支 If 语句？

该语句的作用是：顺序测试表达式 1、表达式 2……一旦遇到表达式值为 True（或非 0），则执行该条件下的语句块，然后执行 End If 后面的语句。

7）如果事先不知道循环次数，应采用哪种结构的循环语句实现循环？

建议采用 Do…Loop 循环语句；也可以使用 For…Next 语句，这时要预先估计一下循环可能执行的次数，然后在循环体内加入循环结束条件的判断，当满足循环结束条件时，利用 Exit For 语句提前结束循环。

8）循环结构包括哪几部分？

① 循环体的算法。

② 进入循环的条件。

③ 循环结束的条件。

9）循环结构嵌套应注意哪些问题？

各种形式的循环语句都能够互相嵌套，Visual Basic 中没有规定具体的嵌套层数。嵌套的原则是，外层循环与内层循环必须层层嵌套，循环体之间不能交叉。For…Next 语句嵌套的基本要求是：每个循环必须有唯一的控制变量；内层循环的 Next 语句必须放在外层循环的 Next 语句之前，内外循环不得相互交叉。

10）累加和连乘问题中应注意哪些问题？

累加和连乘是程序设计中两个重要的运算。累加是在原有和的基础上逐次地加一个数，初值为 0；连乘则是在原有积的基础上逐次地乘以一个数，初值为 1。

11）穷举法适合解决哪些应用问题？

穷举法也称枚举法或试凑法，是一种机械的方法，就是将求解的对象一一列举出来，然后进行分析、处理，并验证是否满足给定的条件，穷举完所有的对象，问题得以解决。通常采用循环结构来实现。

12）打印图形过程中应注意哪些问题？

该类问题首先要分析空格和打印符号的变化规律，然后利用 Spc() 或 Tab() 函数产生空格，利用 string 函数产生打印符号，此时就可以解决该类问题。

13）初学者如何调试程序？

初学者最容易犯的是语法错误，建议输入程序时尽量利用 Visual Basic 提供的提示信息，如自动输入属性、方法等。当出现逻辑错误时，可以选择"调试"→"逐语句"命令调试程序，同时注重查看逻辑判断条件、循环的开始条件及结束条件有无错误。

14）如何终止死循环？

如果调试程序时出现死循环或不循环的情况，按下〈Ctrl+Break〉键就可以终止死循环或不循环，返回到设计状态，继续调试程序。

三、实验

1. 实验目的

1）掌握 Visual Basic 程序设计的基本控制结构。

2）掌握循环结构的常用算法。

2. 实验内容

1）编写程序，输入圆的半径 r，分别计算圆的面积和周长，界面如图 4-1 所示。

图 4-1 实验 1）界面

2）某高校学生学号由 8 位数字组成，其中第 1、2 位代表年级，第 3、4 位代表系别（假设 01 代表计算机系、02 代表数学系、03 代表中文系、04 代表英语系），第 5、6 位代表班级，第 7、8 位代表序号，如 09010203 表示该同学是计算机系 2009 级 2 班的 3 号同学。编写程序输入学生学号，利用 Msgbox 显示学生所在系别，界面如图 4-2 所示。

图 4-2 实验 2）界面

3）分别利用 If 语句、Select Case 语句计算下面的分段函数，界面如图 4-3 所示。

$$y = \begin{cases} x^2 + 3x + 2 & (x > 20) \\ \sqrt{3x} - 2 & (10 \leqslant x \leqslant 20) \\ \dfrac{1}{x} + |x| & (x < 10) \end{cases}$$

4）输入一个年份，判断它是否为闰年，并显示有关信息。判断闰年的条件是：年份能被 4 整除但不能被 100 整除，或者能被 400 整除。界面如图 4-4 所示。

图 4-3　实验 3）界面

图 4-4　实验 4）界面

5）求 1！+2！+3！+4！+…+n!的值。

要求：分别用双重循环和单循环实现。

6）找出 100 以内的素数。

提示：素数也称质数，就是一个大于 2 且只能被 1 和本身整除的整数。判别某数 m 是否为素数最简单方法是：对于 m，从 i=2，3，…，m−1 分别判断 m 能否被 i 整除，只要有一个能整除，m 就不是素数，否则 m 就是素数。

7）一个球从 100 米高度自由下落，每次落地后反弹回原高度的一半，再落下。求它在第 10 次落地时，共经过多少米？落地 10 次后反弹的高度是多少？

提示：用递推法（又称迭代法）实现，其思想是把一个复杂的计算过程转化为简单过程的多次重复。每次重复都是从旧值的基础上递推出新值，并由新值取代旧值。

8）用单循环显示有规律的图形，界面如图 4-5 所示。

提示：

① 循环体内用 string()函数来实现，找出循环控制变量与 string 函数中个数的关系，即 string(i,trim(str(i)))。

② Trim()函数是去掉字符串两边的空格。因为将数值 i 转换成字符，系统自动在数字前加符号位，正数为空格，负数为−，而 string()函数只取字符串中的第一个字符。

③ 为了使最后一行显示为 0，如按照上面的公式最后一行显示为 1，因此将公式改为 string(i,right(str(i),1))。

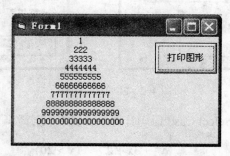

图 4-5　实验 8）界面

9）用辗转相除法求两个自然数 m、n 的最大公约数和最小公倍数。

求最大公约数的思想：

① 对于已知两数 m、n，首先使得 m>n。

40

② m 除以 n 得余数 r。

③ 判断：若 r=0，则 n 为所求的最大公约数，算法结束，否则执行步骤④。

④ m←n，n←r，再重复执行步骤②。

10）打印九九乘法表，界面如图 4-6 所示。

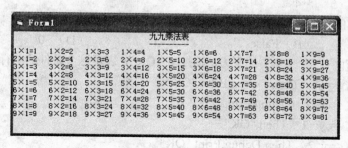

图 4-6 实验 10）界面

提示：打印九九乘法表是利用循环的嵌套完成，外循环控制行的变化，内循环控制列的变化。

若要分别打印成如图 4-7、图 4-8 所示的形式，程序应如何改动？

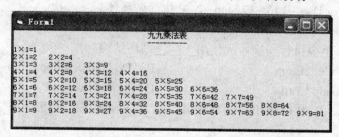

图 4-7 下三角乘法表

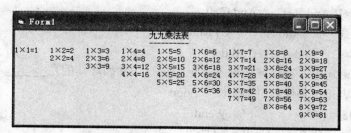

图 4-8 上三角乘法表

四、自测题

1．选择题

1）For…Next 循环结构是_____循环结构。

（A）先测试条件型　　　　　　　（B）后测试条件型

（C）后测试直到型　　　　　　　（D）前测试直到型

2）假定有以下直到型循环

```
Do Until Not  条件
  循环体
Loop
```

则执行循环体的"条件"是_____。

（A）True   （B）False   （C）1   （D）0

3）如果 X 的值小于或等于 Y 的平方，则打印"OK"，表示这个条件的单行 If 语句是_____。

（A）If   X<= y^2 Then Debug.Print "OK"

（B）If   X<= y^2   Debug.Print "OK"

（C）If   X<= y^ 2   Then "OK"

（D）If   X<=y^2   Then Debug.Print "OK"

4）设 a=10，b=5，c=1，执行语句 Print a>b>c 后，窗体上显示的是_____。

（A）True   （B）False   （C）1   （D）出错信息

5）设 a=6，则执行 x=IIf(a>5, −1,0)后，x 的值为_____。

（A）5   （B）6   （C）0   （D）−1

6）循环结构 For i%= −1 to −17 Step −2 共执行循环体_____次。

（A）5   （B）6   （C）8   （D）9

7）要使循环体至少执行一次，应使用_____循环结构。

（A）Do While…Loop   （B）Do Until…Loop

（C）Do…Loop Until   （D）For…Next

8）已知 A、B、C 中 C 最小，则判断 A、B、C 可否构成三角形三条边长的逻辑表达式是_____。

（A）A>=B And B>=C   And   C>0

（B）A+C>B And B+C>A And C>0

（C）(A+C)>=C   And A−B <=C) And C>0

（D）A+B>C   And A−B>C And C>0

9）以下循环语句中，在任何情况下都至少执行一次循环体的是_____。

（A）Do While <条件>   循环体   Loop

（B）While <条件>   循环体 Wend

（C）Do   循环体 Loop Until <条件>

（D）Do Until <条件>   循环体   Loop

10）由 For k=10 to 0 step 3:next k 循环语句控制的循环次数是_____。

（A）12   （B）0   （C）−11   （D）−10

11）由 For k=35 to 0 step 3:next k 循环语句控制的循环次数是_____。

（A）0   （B）12   （C）−11   （D）−10

12）多分支选择结构的 CASE 语句中"变量值列表"不能是_____。

（A）常量值的列表，如 CASE 1，3，5

（B）变量名的列表，如 CASE X，Y，Z

（C）TO 表达式，如 CASE　10　TO 20

（D）IS 关系表达式，如 CASE　IS≤20

13）假设有以下循环结构

```
Do
循环体
Loop While <条件>
```

则以下叙述中错误的是_____。

（A）若"条件"是一个为 0 的常数，则一次也不执行循环体

（B）"条件"可以是关系表达式、逻辑表达式或常数

（C）循环体中可以使用 Exit Do 语句

（D）如果"条件"总是为 True，则不停地执行循环体

2．填空题

1）Select Case 语句又称情况语句，该语句必须以_____来结束。

2）Visual Basic 的注释语句采用_____或 ' 符号。

3）Visual Basic 中的_____语句用于结束一个程序的运行。

4）Visual Basic 语言程序设计结构分为顺序结构、分支结构和_____结构。

5）由 For k=35 to 0 step 3:next k 循环语句控制的循环次数是_____。

6）如果系统不能自动进行语法检查，应选择"工具"菜单中的"_____"命令，在弹出的窗口中设置。

7）消息对话框是通过_____函数得到的，输入对话框是通过 InputBox 函数得到的。

8）在执行以下语句时，弹出的消息框的标题是_____。

…MsgBox ""语法错误"", vbYesNo, ""提示""…"

3．程序改错

1）以下程序段用于计算货物运费。设货物运费每吨单价 p 元，与运输距离 s 公里之间有如下关系：

① 距离小于 100 公里的，每吨单价为 30 元；

② 距离大于等于 100 公里、小于 200 公里的，每吨单价为 27.5 元；

③ 距离大于等于 200 公里、小于 300 公里的，每吨单价为 25 元；

④ 距离大于等于 300 公里、小于 400 公里的，每吨单价为 22.5 元；

⑤ 距离大于 400 公里的，每吨单价为 22.5 元。

```
Option Explicit
Private Sub Form_Click()
Dim w!, s!
Dim p As Currency, t As Currency
w = InputBox("请输入货物重量")
s = InputBox("请输入托运距离")
Select Case s
    Case Is < 100
      p = 30
```

```
            Case Is <= 200 and Is>=100
                p = 27.5
            Case Is < 300
                p = 25
            Case Is < 400
                p = 22.5
            Else
                p = 20
        End If
        t = p * w * s
        Print "总运费:"; t; "元"
    End Sub
```

2）该程序功能为打印下列图形。

```
        *
        **
        ***
        ****
        *****
    Private Sub Form_Click()
    Cls
    Dim i As Integer
    Dim j As Integer
    For i = 1 To 7
        For j = 1 To 5
            Print "*";
        Next i
        Print
        Next i
    End Sub
```

3）程序功能：求 1+2+3+……，直到其和超出 3000，并输出结果。

```
    Private Sub Form_Click()
    Cls
    Dim i As Integer
    Dim s As Single
    i = 1
    s = 1
    Do
        i = i + 2
        s = s + i
    Loop s > 3000
    Print "从 1 到:"; i; "的和是"; s
    End Sub
```

4．程序填空

1）输入任何一个英文字母 x，若 x 的值为"a"，"c"，"d～f"，则显示 x 的大写字母；若 x 的值为"m"，"o"，"p～z"，则显示 x 的小写字母；若为其他值，则显示 xa（如输入的 x 的值是 g，则显示"ga"）。

```
Private Sub Command1_Click()
x = Text1.Text
【1】
        Case  【2】
                Label1.Caption = UCase(x)
        Case "m", "o", "p" To "z"
                Label1.Caption = LCase(x)
        Case Else
                【3】
    End Select
End Sub
```

2）代码功能：求 1! + 2! +…+10!的值。

```
Private Sub Form_Click()
【4】
s = 1
For I = 2 To 10
    t = t * I
    【5】
【6】
Print s
End Sub
```

3）以下程序段用于实现如下功能：输入两个正整数 m 和 n，求其最大公约数和最小公倍数。

```
Private Sub Form_Click()
Dim a%, b%, num1%, num2%, temp
num1 = InputBox("请输入一个正整数")
num2 = InputBox("请输入一个正整数")
If 【7】  Then
  temp = num1: num1 = num2: num2 = temp
End If
a = num1
b = num2
While 【8】
    temp = a Mod b
    a = b
    【9】
Wend
Print "最大公约数为："; a
Print "最小公倍数为："; num1 * num2 / a
```

```
End Sub
```

4）根据输入的学习成绩，分别显示优秀（90 分以上）、良好（75 分以上）、及格（60 分以上）及不及格几个等级。

```
Private Sub Command1_Click()
x = Val(Text1.Text)
If x >= 90 Then
        Print "优秀"
【10】
            Print "良好"
ElseIf x >= 60 Then
        【11】
【12】
            Print "不及格"
End If
End Sub
```

5．程序设计

1）编写程序求 10×11×12+11×12×13+…+15×16×17 的结果，并将结果输出到窗体上。

2）百钱买百鸡问题：公鸡 3 元 1 只，母鸡 5 元 1 只，小鸡一元 3 只，怎样用 100 元买 100 只鸡。把结果输出到窗体上，将答案数存放在变量 N 中。

6．读程序，写结果

1）
```
Private Sub Form_Click()
Dim s As Integer
Dim i%
For i = 1 To 5
  s = s + i ^ 2
Next i
Print s
End Sub
```

2）
```
Private Sub Form_Click()
Dim sum As Integer
Dim i%, j%
For i = 2 To 20
 For j = 2 To i–1
  If i Mod j = 0 Then Exit For
 Next j
  If j >= i Then
  Print j;
  sum = sum + j
  End If
Next i
Print
```

```
Print "sum="; sum
End Sub
```

五、自测题答案

1．选择题

1）A　　2）A　　3）D　　4）B　　5）D　　6）D　　7）C　　8）B　　9）C　　10）B

11）A　　12）B　　13）A

2．填空题

1）End Select　　2）Rem　　3）End　　4）循环　　5）0　　6）选项

7）MsgBox　　8）提示

3．程序改错

1）

```
Option Explicit
Private Sub Form_Click()
Dim w!, s!
Dim p As Currency, t As Currency
w = InputBox("请输入货物重量")
s = InputBox("请输入托运距离")
Select Case s
    Case Is < 100
      p = 30
    Case Is <200
      p = 27.5
    Case Is < 300
      p = 25
    Case Is < 400
      p = 22.5
    Case Else
      p = 20
End Select
t = p * w * s
Print "总运费:"; t; "元"
End Sub
```

2）

```
Private Sub Form_Click()
Cls
Dim i As Integer
Dim j As Integer
For i = 1 To 5
    For j = 1 To i
        Print "*";
```

```
        Next j
        Print
    Next i
    End Sub
```

3)

```
    Private Sub Form_Click()
    Cls
    Dim i As Integer
    Dim s As Single
    i = 1
    s = 0
    Do
        i = i + 1
        s = s + i
    Loop Until s > 3000
    Print "从 1 到:"; i; "的和是"; s
    End Sub
```

4. 程序填空

【1】 select case x

【2】 "a", "c", "d" To "f"

【3】 label1.caption=x & "a"或 trim（x） & "a"

【4】 t=1

【5】 s=s+t

【6】 next I

【7】 num1<num2

【8】 b<>0

【9】 b=temp

【10】 Else If x>=75

【11】 Print "及格"

【12】 Else

5. 程序设计

1)

```
    Private Sub Form_Click()
    Dim m As Long
    Dim i As Integer
    For i = 10 To 15
        m = m + i * (i + 1) * (i + 2)
    Next i
    Print m
    End Sub
```

2）

```
Private Sub Form_DblClick()
Dim n As Integer
Dim i As Integer, j As Integer
For i = 1 To 20
  For j = 1 To 33
    If i * 5 + j * 3 + (100−i−j) / 3 = 100 Then
    Print i, j, 100−i−j
    n = n + 1
    End If
  Next j
Next i
Print n
End Sub
```

6．读程序，写结果。

1）55

2）

2 3 5 7 9 11 13 17 19

sum= 77

六、实验参考程序

1）实验1）参考程序如下。

```
Private Sub Command1_Click()
    Dim r%, s!, c!
    r = InputBox("请输入圆的半径")
    s = 3.14 * r * r
    Print "半径是"; r; "圆的面积是："; s
    c = 2 * 3.14 * r
    Print "圆的周长是："; c
End Sub
```

2）实验2）参考程序如下。

```
Private Sub Command1_Click()
    Dim s As String
    s = Text1.Text
    If Mid(s, 3, 2) = "01" Then MsgBox "计算机系"
    If Mid(s, 3, 2) = "02" Then MsgBox "数学系"
    If Mid(s, 3, 2) = "03" Then MsgBox "中文系"
    If Mid(s, 3, 2) = "04" Then MsgBox "英语系"
End Sub
```

3）实验 3）参考程序如下。

方法一：利用 If 语句实现

```
Private Sub Command1_Click()
    Dim x As Integer, y As Single
    x = Text1.Text
    If x > 20 Then
            y = x * x + 3 * x + 2
    ElseIf x < 10 Then
            y = 1/x + Abs(x)
    Else
            y = Sqr(3 * x) −2
    End If
    Text2.Text = y
End Sub
```

方法二：利用 Select 语句实现

```
Private Sub Form_Click()
    x = Text1.Text
    Select Case x
    Case Is > 20
            y = x * x + 3 * x +2
    Case Is < 10
            y = 1/x + Abs(x)
    Case Else
            y = Sqr(3 * x)−2
    End Select
    Text2.Text = y
End Sub
```

4）实验 4）参考程序如下。

```
Private Sub Command1_Click()
    Dim year%
    year = InputBox("请输入一个年份")
    If (year Mod 4 = 0 And year Mod 100 <> 0) Or (year Mod 400 = 0) Then
        Print year; "是闰年"
    Else
        Print year; "不是闰年"
    End If
End Sub
```

5）实验 5）参考程序如下。

方法一：用双重循环实现

```
Private Sub Command1_Click()
    Dim sum As Long, t&, i As Integer, j As Integer
```

```
        n = InputBox("输入 n")
        sum = 0
        For i = 1 To n
         t = 1
         For j = 1 To i
          t = t * j
         Next j
         sum = sum + t
        Next i
        Print sum
    End Sub
```

方法二：用单循环实现

```
    Private Sub Command2_Click()
        Dim sum As Long, t&, i As Integer
        n = InputBox("输入 n")
        sum = 0
        t = 1
        For i = 1 To n
            t = t * i
            sum = sum + t
        Next i
        Print sum
    End Sub
```

6）实验6）参考程序如下。

方法一：设置状态变量 flag

```
    Private Sub Command1_Click()
        Dim i As Integer, m As Integer, flag As Boolean
        For m = 2 To 100
            flag = True
            For i = 2 To m-1
                If (m Mod i) = 0 Then flag = False
            Next i
            If flag Then Print m
        Next m
    End Sub
```

方法二：利用 Exit For 提前结束循环

```
    Private Sub Command2_Click()
        Dim i As Integer, m As Integer
        For m = 2 To 100
            For i = 2 To m-1
                If (m Mod i) = 0 Then Exit For
            Next i
```

```
        If i >= m Then Print m
     Next m
  End Sub
```

7）实验7）参考程序如下。

```
   Private Sub Command1_Click() '方法一：递增型循环
   Dim sum#, h#
   sum = 100
   h = 100
   For i = 1 To 9
     h = h/2
     sum = sum + 2 * h
   Next i
   h = h / 2
   Print "sum="; sum, "h="; h
   End Sub
   Private Sub Command2_Click() '方法二：递减型循环
   Dim n%, i%, s#
   x = 100
   s = 100
   For i = 9 To 1 Step-1
       s = s + x
       x = x / 2
       Print "第"; 10-i; "次落地后反弹高度是"; x
   Next i
   Print "第"; 10; "次落地后反弹高度是"; x / 2
   Print "共经过"; s; "米"
   End Sub
```

8）实验8）参考程序如下。

```
   Private Sub Command1_Click() '方法一
       Dim i As Integer
       For i = 1 To 9
           Print Space(15-i); String(2 * i-1, Trim(Str(i)))
       Next i
       Print Space(5); String(19, Right(Str(i), 1))
   End Sub
   Private Sub Command2_Click() '方法二
       Dim i%
       For i = 1 To 10
         Print Space(15 - i); String(2 * i-1, Right(Str(i), 1))
       Next i
   End Sub
```

9）实验9）参考程序如下。

```
Private Sub Form_Click()
Dim n1%, m1%, m%, n%, r%
n1 = InputBox("输入 n1")
m1 = InputBox("输入 m1")
If m1 > n1 Then
    m = m1: n = n1
Else
    m = n1: n = m1
End If
r = m Mod n
Do While r <> 0
    m = n
    n = r
    r = m Mod n
Loop
Print m1, n1; "的最大公约数为"; n
Print "最小公倍数为"; m1 * n1 / n
End Sub
```

10）实验 10）参考程序如下。

```
Private Sub Form_DblClick()
    Dim se As String
    Print Tab(35); "九九乘法表"
    Print Tab(35); "----------"
    For i = 1 To 9
        For j = 1 To 9
            se = i & "×" & j & "=" & i * j
            Print Tab((j-1) * 9 + 1); se;
        Next j
        Print
    Next i
End Sub
```

第5章 数 组

一、知识要点

1. 数组的概念

数组：用来存放具有相同性质的一组数据，也就是一个数组中的所有元素具有相同的数据类型。作为同一数组中的数据，它们使用统一的名称来表示，称为数组名。

数组元素：数组中的每一个数据项。数组元素的使用与简单变量的使用相同。

数组的特点如下。

1）数组中的元素在类型上是一致的。

2）数组元素在内存空间上是连续存放的。

3）数组元素的引用可以通过下标进行。

4）数组在使用之前必须要定义。

2. 静态数组的概念及声明

静态数组：数组元素的个数应该在声明时确定，在程序运行过程中是固定不变的。

声明形式：Dim 数组名([下界 To]上界[,[下界 To]上界[,…]]) [As 类型]

此语句声明了数组名、数组的维数、数组元素的个数、数组元素的数据类型。

注意：

数组下界和上界只能是常数或常数表达式。用 Option Base n 可设定数组的默认下界，其中 n 为 0 或 1。

3. 动态数组的概念及声明

动态数组：在程序执行过程中，数组元素的个数可以改变的数组。

声明形式：

        Dim 数组名( )

        ReDim [Preserve] 数组名([下界 To]上界[,[下界 To]上界[,…]])

注意：

其中下界和上界值可以是常量，也可以是有了确定值的变量。Preserve 的作用是在重新定义数组之后，保留那些原有的数组元素值。Preserve 只能改变最后一维的大小，但前几维的大小不能改变。

4. 数组的操作

数组的基本操作包括数组的赋值、数组输入、数组输出、求数组中的最大（小）值及下标、排序、矩阵、数组的插入与删除等。

5. 自定义类型的定义与声明

自定义类型的定义：必须要在模块的声明段中进行。格式如下：

```
[Public|Private] Type  自定义类型名
              元素名 1    As  类型名
              …
              [元素名 n    As  类型名]
End Type
```

自定义类型变量的声明：

```
Dim 变量名 As 自定义类型名
```

注意：不要将自定义类型名和该类型的变量名混淆。

6．数组与自定义类型的异同点

相同之处是，它们都是由某种关联的一组数据组成；不同之处是，数组一般存放的是相同性质、相同类型的数据，以下标表示不同的元素，数组并不是一种数据类型；而自定义类型的元素可以代表不同性质、不同类型的数据，以各个不同的元素名罗列，自定义类型是一种数据类型。

二、常见错误和疑难分析

1）静态数组声明时出错。例如：

```
n = InputBox("输入数组的上界")
Dim a(1 To n) As Integer
```

程序运行时会弹出"要求常数表达式"的错误信息。用 Dim 语句声明的静态数组的下标下界和上界只能是常数或常数表达式，不能为变量。对于此类问题，可以使用动态数组来解决。可以将以上程序段改为下面的程序。

```
Dim a() As Integer
n = InputBox("输入数组的上界")
ReDim a(1 To n) As Integer
```

2）使用数组时下标越界。引用了不存在的数组元素，即下标比数组声明的下标范围大或小。例如：

```
Dim a(1 To 10) As Long
For i = 1 To 10
   a(i) = 1
Next i
Print a(i)
```

程序段运行时弹出"下标越界"的错误信息，退出循环时，i 的值为 11，执行 Print a(i) 语句可以显示 a(11)元素，此元素的下标不在声明的下标范围内。

3）数组维数错误。数组声明时的维数与引用数组元素时的维数不一致。如下面程序段：

```
Dim a(3, 5) As Long
a(2)=10
```

Dim 声明的是一个二维数组,而引用数组元素时,数组仅有一个下标。

4)Array 函数赋值问题。使用 Array()函数对数组整体赋值,但只能对动态数组可以省略圆括号的数组赋值,并且其类型只能是 Variant。赋值以后的数组大小由赋值的个数决定。

如果要使用 a= Array(2, 4, 8, –9, 11, 23)语句给数组赋值,以下声明语句都是不正确的。

```
Dim a(1 To 10)      '声明为静态数组
Dim a As Integer    '数组类型不是 Variant 型,会出现"类型不匹配"的错误信息
```

注意:下面的赋值语句是错误的。

```
Dim a
a() = Array(2, 4, 8, –9, 11, 23)
```

正确的赋值语句如下。

```
Dim a()
a() = Array(2, 4, 8, –9, 11, 23)
```

或

```
Dim a()
a= Array(2, 4, 8, –9, 11, 23)
```

或

```
Dim a
a= Array(2, 4, 8, –9, 11, 23)
```

5)如何获得数组的上界、下界。在使用动态数组、Array 函数赋值时,通常不知道数组个数,即无法知道数组的上界和下界,此时可以使用 Visual Basic 提供的 UBound、LBound 函数来获得,从而保证能在合法的范围内访问数组元素。

三、实验

1. 实验目的
1)理解数组的概念及作用。
2)掌握静态数组、动态数组的声明和使用方法。
3)掌握与数组有关的算法(包括排序、求最值、统计等)。

2. 实验内容
1)输入某班 40 个学生某门课程考试成绩(随机函数产生 40 个学生的成绩,用一维数组保存),统计各分数段的学生人数,即 0~9,10~19,20~29,…,90~99 分数段及 100 分的学生人数。要求在统计之前将产生的数组元素显示出来,每行显示 10 个数据。程序运行界面如图 5-1 所示。

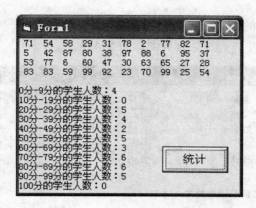

图 5-1　实验 1）界面

提示:

本程序需要建立两个数组,其中一个数组用来存放 40 个学生的成绩,例 Dim a%(1 To 40);另一个数组用来存放各分数段的人数,例 Dim b% (0 To 10),用 b(0)存放 0~9 分的人数,b(1)存放 10~19 分的人数,…,b(9)存放 90~99 分人数,b(10)存放 100 分的人数。

统计时,注意确定每个学生的分数 a(i)与数组 b 下标之间的关系。代码如下:

```
For i = 1 To UBound(a)          '统计各分数段的人数
    k = Int(a(i) / 10)
    b(k) = b(k) + 1
Next i
```

思考:如果要统计 0~59,60~69,70~79,…,90~100 分数段的人数,程序代码应如何实现?

2）利用输入框输入一个 3×3 矩阵,编写程序求出矩阵中的最小值、其所在的行和列及两个对角线的和,并输出到窗体上。其输入界面如图 5-2 所示,运行结果界面如图 5-3 所示。

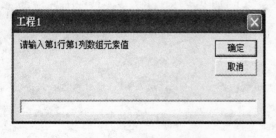

图 5-2　实验 2）输入界面

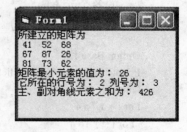

图 5-3　实验 2）结果界面

3）将 25、12、16、8、17、5、21、3 按由小到大的顺序排列,并显示排序结果。

4）已知一有序数列 3、5、8、11、15、21、24、26、29 存放到数组中,利用输入框输入要删除的数据,如果找不到欲删除的数据,则显示"找不到要删除的数据",并输出删除后剩余的数组元素。

5）自定义一个学生成绩的类型,包括学号、姓名和成绩。要求具有如下功能:单击"添加"按钮输入学生的相关信息,并显示统计的记录数;单击"显示"按钮,在图片框中显示学号和成绩，并计算成绩的平均分；单击"查找"按钮，按文本框中输入的学号查找学生信息，显示在相应的文本框中。程序运行界面如图 5-4 所示。

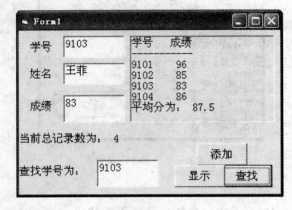

图 5-4　实验 5）界面

四、自测题

1．选择题

1）以下属于 Visual Basic 中合法的数组元素是_____。

（A）X3　　　　　（B）X(5)　　　　　（C）X　　　　　（D）X[7]

2）关于 Array()函数，下列说法不正确的是_____。

（A）使用 Array()函数可以使数组在程序运行之前初始化

（B）使用 Array()函数可以对静态数组赋值

（C）Array()函数只适用于一维数组

（D）语句 Num=Array(1,2,3,4)所表达的意思是把 1、2、3、4 这 4 个数赋给数组 Num 的各个元素

3）以下程序的输出结果为_____。

```
Option Base 1
Private Sub Command1_Click()
Dim a(4, 4)
For i = 1 To 4
  For j = 1 To 4
    a(i, j) = (i-1) * 3 + j
  Next j
Next i
For i = 3 To 4
  For j = 3 To 4
    Print a(j, i);
  Next j
  Print
Next i
```

```
    End Sub
```
（A）6　9　　　　（B）7　10　　　　（C）8　11　　　（D）9　12
　　　　7　10　　　　　　　8　11　　　　　　　9　12　　　　　　10　13

4）以下程序的输出结果是_____。

```
Dim a
a = Array(1, 2, 3, 4, 5, 6, 7, 8)
i = 0
For k = 100 To 90 Step -2
    s = a(i) ^ 2
    If a(i) > 3 Then Exit For
    i = i + 1
Next k
Print k; a(i); s
```
（A）88 6 36　　　　（B）88 1 2　　　　（C）90 2 4　　　　（D）94 4 16

5）以下程序的输出结果为_____。

```
Dim a(3, 3) As Integer
For m = 1 To 3
    For n = 1 To 3
        a(m, n) = (m−1) * 3 + n
    Next n
Next m
For m = 2 To 3
    For n = 1 To 2
        Print a(n, m);
    Next n
Next m
```
（A）2 5 3 6　　　　（B）2 3 5 6　　　　（C）4 7 5 8　　　　（D）4 5 7 8

6）语句 Dim arr(–3 To 5 ,2 To 6) As Integer 定义的数组元素有_____。
（A）45 个　　　　（B）40 个　　　　（C）11 个　　　　（D）54 个

7）下述语句定义的数组元素有_____个。

```
Option Base 1
Dim A(12,8)
```
（A）117　　　　（B）128　　　　（C）96　　　　（D）20

8）执行以下代码在窗体上显示的结果是_____。

```
Dim a
a = Array("a", "b", "c", "d", "e", "f", "g")
Print a(1); a(3); a(5)
```
（A）abc　　　　（B）bdf　　　　（C）ace　　　　（D）出错

9）以下程序运行后的输出结果为_____。

```
Const n = −1: Const m = 6
Dim a(n To m)
For i = LBound(a) To UBound(a)
    a(i) = i
Next i
Print a(LBound(a)); a(UBound(a))
```

　（A）0 0　　　　　　（B）−1 0　　　　（C）−1 6　　　　（D）0 6

10）下列程序段的执行结果为_____。

```
Dim A(10), B(5)
For i = 1 To 10
    A(i) = i
Next i
For j = 1 To 5
    B(j) = j * 20
Next j
A(5) = B(2)
Print "A(5)="; A(5)
```

　（A）A(5)=5　　　（B）A(5)=10　　　（C）A(5)=20　　　（D）A(5)=40

2．填空题

1）如果在模块的声明段中有 Option Base 1 语句，则在该模块中使用 Dim a(3 To 5,6)声明的数组有_____个元素。

2）用 Array 函数建立的数组，其变量必须是_____类型。

3）由 Dim a (10) As single 定义的数组占用_____字节的内存空间。

4）在 Dim 语句中，下标的上下界都是常数的数组叫做_____数组；下标的上界或下界是变量的数组叫做动态数组。

5）在 Visual Basic 中，_____数组是在声明数组时未给出数组的大小，可以随时用 Redim 语句重新指出大小的数组。

6）在 Visual Basic 中，若要重新定义一个动态数组的元素个数，应当使用_____语句对其进行重新定义。

3．判断题

1）在使用 ReDim 重定义动态数组时，其下标可以用变量来表示。

2）使用 ReDim 语句既可以改变数组的大小，也可以改变数组的类型。

3）要分配 12 个元素的整型数组，其声明语句如下（若无下界，按默认规定）：Dim a (1,1,2) As Integer。

4）若要定义数组下标下界默认值为 2 时，则可用语句 Option Base 2。

5）数组在内存中占据一片连续的存储空间。

4．程序改错

1）以下程序实现将输入的 0～255 之间的正整数转换成二进制数。

```
Private Sub Form_Click()
Const n = 8
```

```
    Dim a(n) As Integer, s As String, m As Integer, x As Integer
    x = Val(InputBox("请输入一个 0～255 之间的正整数："))
    Print x
    For m = 1 To n
        a(m) = x Mod 2
        x = x / 2
    Next m
    s = " "
    For m = n To 0 Step-1
        s = Str(a(m))
    Next m
    Print s
    End Sub
```

2）以下程序的功能是通过键盘给一维数组 a 输入 10 个整数，然后将一维数组的这些数赋值给一个 2 行 5 列的二维数组，最后在一行内输出一维数组、在两行内输出二维数组。

```
    Option Explicit
    Private Sub Form_Click()
    Dim a(10), b(2, 5) As Integer
    Dim i As Integer, k As Integer, j As Integer
    For i = 1 To 10
        a(i) = InputBox("请提供 10 个整数给数组")
        a(i) = Val(a(i))
    Next i
    k = 0
    For i = 1 To 2
        For j = 1 To 5
            k = k + 1
            b(i, j) = a(k)
        Next j
    Next i
    Print Tab(10); "数组 a 的值"
    Print Tab(10);
    For i = 1 To 10
        Print a(i)
    Next i
    Print
    Print Tab(10); "二维数组 b 的值是:"
    For i = 1 To 2
        Print Tab(10);
        For j = 1 To 5
            Print b(j, i);
        Next j
        Print b(i, j)
    Next i
    End Sub
```

3）下面的程序段用于删除数组中指定位置的数字，如果位置错误则给出提示，否则分别显示删除前后的数组元素。

```
Private Sub Form_Click()
Dim a(1 To 10) As Integer, x As Integer, i As Integer, k As Integer
For i = 1 To 10
    a(i) = Int(Rnd * 90) + 10
    Print a(i);
Next i
Print
x = InputBox("请输入要删除第几位数字")
If x > 0 Then
    For k = x To 10
        a(k +1)=a(k)
    Next k
    Print "删除后的数组:"
    For i = 1 To 9
        Print a(i);
    Next i
Else
    Print "删除位置错误"
End
End Sub
```

4）下面程序可以利用选择排序法将 7 个随机整数从小到大进行排序。

```
Private Sub Form_Click()
Dim t%, m%, n%, w%, a(7) As Integer
For m = 1 To 7
    a(m) = Int(10 + Rnd()* 90)
    Print a(m); " ";
Next m
Print
For m = 1 To 6
    t = m
    For n = 2 To 7
        If a(t) > a(n) Then n = t
    Next n
    If t = m Then
        w = a(m)
        a(m) = a(t)
        a(t) = w
    End If
Next m
For m = 1 To 7
    Print a(m)
Next m
```

```
        End Sub
```

5) 下面程序利用冒泡排序法将 10 个数字从小到大进行排序。

```
        Option Base 1
        Private Sub Form_Click()
        Cls
        Dim a(10) As Integer
        Dim i As Integer, j As Integer, temp As Integer
        For i = 0 To 10
          If i Mod 2 = 0 Then a(i) = i Else a(i) = –i
        Print a(i);
        Next i
        Print
        For i = 1 To 10
          For j = 1 To 10–i
            If a(j) < a(j + 1) Then
              temp = a(j):        a(j) = a(j + 1):      a(j + 1) = temp
            End If
          Next i, j
        For i = 1 To 10
          Print a(i);
        Next i
        End Sub
```

6) 以下程序用于建立一个 3 行 3 列的矩阵，使其两条对角线上数字为 1，其余位置为 0。

```
        Private Sub Form_Click()
        Dim x(3, 3), n As Integer, m As Integer
        For n = 1 To 3
          For m = 1 To 3
            if n = m Then x(n, m) = 1 Else x(n, m) = 0
        Next n, m
        For n = 1 To 3
          For m = 1 To 3
            Print x(m, n);
          Next m
          Print
        Next n
        End Sub
```

5．程序填空

1) 下面的程序段利用冒泡排序法将一组整数从小到大进行排序。

```
        Private Sub Form_Click()
        Const n = 15
        Dim a(1 To n) As Integer, work As Boolean
        Dim i As Integer, j As Integer, x As Integer
```

```
Randomize
For i = 1 To n
    a(i) = Int(90 * Rnd) + 10
Next i
For i = 1 To n
    Print a(i);
Next i
Print
For i = n To 2   【1】
    work = True
    For j = 1 To i–1
        If a(j) > a(j + 1) Then
            x = a(j): a(j) = a(j + 1): a(j + 1) = x
            【2】
        End If
    Next j
    If work Then   【3】
Next i
For i = 1 To n
    Print a(i);
Next i
End Sub
```

2）输入一个数字，判断其是否在数组中，如果在数组中则将其删除，否则显示该数字不在数组中。

```
Private Sub Form_Click()
Dim a(10) As Integer, x As Integer
For i = 1 To 10
    a(i) = Int(Rnd * 90) + 10
    Print a(i);
Next i
Print
x = InputBox("请输入要删除的整数")
For i = 1 To 10
    If a(i) = x Then   【4】
Next i
If   【5】 Then
    For k = i To 9
        【6】
    Next k
    Print "删除后的数组:"
    For i = 1 To 9
        Print a(i);
    Next i
Else
    Print "该数字不在数组中"
```

64

```
End If
End Sub
```

3）以下程序段用于实现矩阵转置，即将一个 n×m 的矩阵的行和列互换。

```
Private Sub Form_Click()
Const n = 3
Const m = 4
Dim a(n, m), b(m, n) As Integer
For i = 1 To n
  For j = 1 To m
     a(i, j) = Int(Rnd * 90) + 10
  Next j
【7】
For i = 1 To n
  For j = 1 To m
     【8】
  Next j
Next i
Print "矩阵转置前"
For i = 1 To n
  For j = 1 To m
    Print a(i, j);
  Next j
  【9】
Next i
Print "矩阵转置后"
For i = 1 To m
  For j = 1 To n
    Print b(i, j);
  Next j
  Print
Next i
End Sub
```

4）以下程序段利用随机函数生成 15 个 10～100 之间的整数，然后用选择法将其从小到大进行排序。

```
Private Sub Form_Click()
Const n = 15
Dim a(1 To n) As Integer
Dim i As Integer, j As Integer, t As Integer, min As Integer
Randomize
For i = 1 To n
  a(i) = 【10】
Next i
```

```
For i = 1 To n
    Print a(i);
Next i
Print
For i = 1 To n−1
  【11】
  For j = i + 1 To n
    If a(j) < a(t) Then t = j
  Next j
  If 【12】  Then
    min = a(i): a(i) = a(t): a(t) = min
  End If
Next i
For i = 1 To n
    Print a(i);
Next i
End Sub
```

5）输入一个数字，将其插入一个有序数组中，插入后的数组仍为有序数组。

```
Private Sub Form_Click()
Dim a(10) As Integer, x As Integer
For i = 1 To 8
    a(i) = 2 * i−1
    Print a(i);
Next i
Print
x = InputBox("请输入要插入的整数")
【13】
i = 8
Do While a(i) > x
    【14】
    i = i−1
Loop
If i >= 0 Then 【15】
For i = 1 To 9
    Print a(i);
Next i
End Sub
```

6）以下程序段用于输出杨辉三角。杨辉是我国南宋时期的数学家，他引用前人贾宪的研究成果提出了后人所说的"杨辉三角"。"杨辉三角"的两侧全部都是 1，其余的每个数正好等于它上面一行的同一列和前一列的两个数之和，如图 5-5 所示。

```
Private Sub Form_Click()
Const n = 9
```

```
Dim arr(n, n) As Integer
For i = 1 To n
    arr(i, i) = 1
    【16】
Next i
For i = 3 To n
    For j = 2 To i-1
        【17】
    Next j
Next i
For i = 1 To n
    For j = 1 To i
        【18】
    Next j
    Print
Next i
End Sub
```

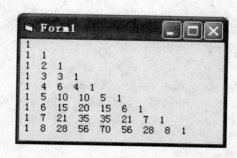

图 5-5　杨辉三角形运行界面

7) 将一个有序数组 12、16、24、45、45、45、68、78 中相同的数只保留一个，并输出删除后的数组元素。

```
Option Base 1
Private Sub Form_Click()
Dim a(), i%, n%, m%
a = Array(12, 16, 24, 29, 45, 45, 45, 60)
n = UBound(a)
m = n
Do While m > 1                    '从后往前比较，压缩数组
    If a(m) = a(m-1) Then
        For i = 【19】
            a(i-1) = a(i)
        Next i
        【20】                     '数组元素个数减一个
    End If
    【21】
Loop
```

```
ReDim 【22】
Print "删除后的数组："
For i = 1 To UBound(a)
    Print a(i);
Next i
End Sub
```

五、自测题答案

1. 选择题

1）B　2）B　3）D　4）D　5）A　6）A　7）D　8）B　9）C　10）D

2. 填空题

1）18　　2）Variant 或变体型　　3）44　　4）静态　　5）动态　　6）ReDim

3. 判断题

1）T　　2）F　　3）T　　4）F　　5）T

4. 程序改错

1）

```
Private Sub Form_Click()
Const n = 8
Dim a(n) As Integer, s As String, m As Integer, x As Integer
x = Val(InputBox("请输入一个 0～255 之间的正整数："))
Print x
For m = 0 To n
    a(m) = x Mod 2
    x = x \ 2
Next m
s = " "
For m = n To 0 Step -1
    s = s & Str(a(m))
Next m
Print s
End Sub
```

2）

```
Option Explicit
Private Sub Form_Click()
Dim a(10), b(2, 5) As Integer
Dim i As Integer, k As Integer, j As Integer
For i = 1 To 10
    a(i) = InputBox("请提供 10 个整数给数组")
    a(i) = Val(a(i))
Next i
k = 0
```

```
    For i = 1 To 2
      For j = 1 To 5
        k = k + 1
        b(i, j) = a(k)
      Next j
    Next i
    Print Tab(10); "数组 a 的值"
    Print Tab(10);
    For i = 1 To 10
      Print a(i);
    Next i
    Print
    Print Tab(10); "二维数组 b 的值是:"
    For i = 1 To 2
      Print Tab(10);
      For j = 1 To 5
        Print b(i, j);
      Next j
      Print
    Next i
    End Sub
```

3）

```
    Private Sub Form_Click()
    Dim a(1 To 10) As Integer, x As Integer, i As Integer, k As Integer
    For i = 1 To 10
      a(i) = Int(Rnd * 90) + 10
      Print a(i);
    Next i
    Print
    x = InputBox("请输入要删除第几位数字")
    If x > 0 And x < 11 Then
      For k = x To 9
        a(k) = a(k + 1)
      Next k
      Print "删除后的数组:"
      For i = 1 To 9
        Print a(i);
      Next i
    Else
      Print "删除位置错误"
    End If
    End Sub
```

4）

```
    Private Sub Form_Click()
    Dim t%, m%, n%, w%, a(7) As Integer
```

```
            For m = 1 To 7
                a(m) = Int(10 + Rnd()* 90)
                Print a(m); " ";
            Next m
            Print
            For m = 1 To 6
                t = m
                For n = m + 1 To 7
                    If a(t) > a(n) Then t = n
                Next n
                If t <> m Then
                    w = a(m)
                    a(m) = a(t)
                    a(t) = w
                End If
            Next m
            For m = 1 To 7
                Print a(m)
            Next m
            End Sub
```

5）

```
            Option Base 1
            Private Sub Form_Click()
            Cls
            Dim a(10) As Integer
            Dim i As Integer, j As Integer, temp As Integer
            For i = 1 To 10
                If i Mod 2 = 0 Then a(i) = i Else a(i) = -i
                Print a(i);
            Next i
            Print
            For i = 1 To 10
                For j = 1 To 10 - i
                    If a(j) > a(j + 1) Then
                        temp = a(j):        a(j) = a(j + 1):      a(j + 1) = temp
                    End If
                Next j, i
            For i = 1 To 10
                Print a(i);
            Next i
            End Sub
```

6）

```
            Private Sub Form_Click()
            Dim x(3, 3), n As Integer, m As Integer
```

70

```
For n = 1 To 3
  For m = 1 To 3
    If n = m Or n + m = 4 Then x(n, m) = 1 Else x(n, m) = 0
  Next m, n
  For n = 1 To 3
    For m = 1 To 3
      Print x(n, m);
    Next m
    Print
  Next n
End Sub
```

5．程序填空

【1】step −1

【2】work=False

【3】Exit for

【4】Exit For

【5】i<11

【6】a(k)=a(k+1)

【7】Next i

【8】b(j,i)=a(i,j)

【9】Print

【10】Int(Rnd*91+10)

【11】t=i

【12】t>i

【13】a(0)=x

【14】a(i+1)=a(i)

【15】a(i+1)=x

【16】arr(i, 1) = 1

【17】arr(i, j) = arr(i−1, j−1) + arr(i−1, j)

【18】Print arr(i, j);

【19】m To n

【20】n = n−1

【21】m = m−1

【22】Preserve a(n)

六、实验参考程序

1）实验1）参考程序如下。

```
Private Sub Command1_Click()
Dim a(1 To 40) As Integer
```

```
        Dim b(0 To 10) As Integer              '用一维数组存储各个分数段的人数
        Dim i%
        For i = 1 To UBound(a)
            a(i) = Int(Rnd * 100 + 1)
        Next i
        For i = 1 To UBound(a)                  '显示用随机函数产生的成绩
            Print a(i); Spc(4–Len(Str(a(i))));
            If i Mod 10 = 0 Then Print          '每行打印 10 个元素
        Next i
        Print
        For i = 1 To UBound(a)                  '统计各分数段的人数
            k = Int(a(i) / 10)
            b(k) = b(k) + 1
        Next i
        For i = 0 To 9                          '显示各分数段的学生人数
            Print (i * 10) & "分-" & (i * 10 + 9) & "分的学生人数: " & b(i)
        Next i
        Print "100 分的学生人数: " & b(i)
        End Sub
```

说明:

在输出数组元素时,当每个数值元素的长度不等时,可增加空格,以便对齐。Spc(4 - Len(Str(a(i))))表示每个元素占 4 个,其中空格数目与实际数值位数有关。

2) 实验 2) 参考程序如下。

```
        Private Sub Form_Click()
        Dim arr() As Integer
        Dim n%, m%, min%, row%, col%
        n = 3: m = 3
        ReDim arr(1 To n, 1 To m)
        For i = 1 To n
            For j = 1 To m
                arr(i, j) = Val(InputBox("请输入第" & i & "行第" & j & "列数组元素值"))
            Next j
        Next i
        Print "所建立的矩阵为"
        For i = 1 To n
            For j = 1 To m
                Print arr(i, j);
            Next j
            Print
        Next i
        min = arr(1, 1)                         '假设第 1 行第 1 列的元素最小
        For i = 1 To n                          '求最小值及下标
            For j = 1 To m
                If arr(i, j) < min Then
```

72

```
        min = arr(i, j)
        row = i
        col = j
      End If
    Next j
  Next i
  For i = 1 To n                    '对角线之和
    Sum = Sum + arr(i, i) + arr(i, n + 1−i)
  Next i
  Print "矩阵最小元素的值为："; min
  Print "它所在的行号为："; row; "列号为："; col
  Print "主、副对角线元素之和为："; Sum
End Sub
```

3）实验 3）参考程序如下。

```
Option Base 1                '在通用中声明，使数组下标从 1 开始
Private Sub Command1_Click()            '选择法
Dim a(), imin%, n%, i%, j%, t%
a = Array(25, 12, 16, 8, 17, 5, 21, 3)
n = UBound(a)                    '获得数组的下标上界
Print "排序前"
For i = 1 To n
  Print a(i);
Next i
For i = 1 To n−1                '进行 n-1 轮比较
  imin = i                    '对第 i 轮比较时，初始假定第 i 个元素最小
  For j = i + 1 To n            '在数组 i+1～n 个元素中选最小元素的下标，存入在 imin 中
    If a(j) < a(imin) Then imin = j
  Next j
  t = a(i): a(i) = a(imin): a(imin) = t    '第 i 个数与本轮最小数交换位置
Next i
Print
Print "排序后"
For i = 1 To n
  Print a(i);
Next i
End Sub
Private Sub Command2_Click()                '冒泡法
Dim a, imin%, n%, i%, j%, t%
a = Array(25, 12, 16, 8, 17, 5, 21, 3)
n = UBound(a)                    '获得数组的下标上界
Print "排序前"
For i = 1 To n
  Print a(i);
Next i
For i = 1 To n−1                        '有 n 个数，进行 n−1 轮比较
```

```
        For j = 1 To n-i                    '在每一轮中对1~n-i的元素两两比较，大数"沉底"
            If a(j) > a(j + 1) Then
                t = a(j): a(j) = a(j + 1): a(j + 1) = t    '次序不对交换
            End If
        Next j
    Next i
    Print
    Print "排序后"
    For i = 1 To n
        Print a(i);
    Next i
End Sub
```

4）实验4）参考程序如下。

```
Option Base 1
Private Sub Form_Click()
Dim a, i%, k%, x%, n%
a = Array(3, 5, 8, 11, 15, 21, 24, 26, 29)
n = UBound(a)                          '获得数组上界
Print "输出原数组元素"
For i = 1 To UBound(a)
    Print a(i);
Next i
x = Val(InputBox("输入欲删除的数"))
For k = 1 To n                         '查找欲删除数组元素的位置
    If x = a(k) Then Exit For
Next k
If k > n Then
    MsgBox "找不到要删除的数据"
    Exit Sub                           '退出窗体事件过程
End If
For i = k + 1 To n                     '将x后的数据元素逐一向前移动
    a(i-1) = a(i)
Next i
n = n-1                                '数组元素个数减1
ReDim Preserve a(n)
Print
Print "输出删除后的数组元素"
For i = 1 To n                         '显示删除后的数组元素
    Print a(i);
Next i
End Sub
```

5）实验5）参考程序如下。

```
Private Type StudType                  '定义类型在窗体级必须使用关键字Private
    xh As String * 4
```

```vb
    xm As String * 8
    score As Single
End Type
Dim student() As StudType
Dim n As Integer
Private Sub Form_Load()                    '初始化记录总数
n = 0
End Sub
Private Sub Command1_Click()               '添加记录
n = n + 1                                  '统计记录数
ReDim Preserve student(1 To n) As StudType
With student(n)
    .xh = Text1
    .xm = Text2
    .score = Val(Text3)
End With
Label4.Caption = "当前总记录数为： " + Str(n)
Text1 = "": Text2 = "": Text3 = ""
End Sub
Private Sub Command2_Click()               '查找记录
Dim i As Integer
For i = 1 To n
   If student(i).xh = Text4 Then
       Text1 = student(i).xh
       Text2 = student(i).xm
       Text3 = student(i).score
    End If
Next i
End Sub
Private Sub Command3_Click()               '显示记录
Dim i%
Picture1.Cls
Picture1.Print "学号    成绩"
Picture1.Print "-----------"
For i = 1 To n
   With student(i)
     Sum = Sum + .score
     Picture1.Print .xh; Tab(8); .score    '用 Tab()函数实现行定位
   End With
Next i
aver = Sum / n
Print
Picture1.Print "平均分为："; aver
End Sub
```

第6章 过　　程

一、知识要点

1．函数过程的定义

定义函数过程的语法格式如下。

> [Static][Public|Private] Function <函数过程名>（[<参数列表>]）[As <类型>]
> 　常数和局部变量定义　⎫
> 　语句块　　　　　　　⎬　函数过程体
> 　函数名=返回值　　　 ⎭
> 　End Function

1）Static：可选项，表示在调用期间保留函数中局部变量的值。

2）Public 和 Private：可选项，任选其一。

3）<函数过程名>：函数过程名与变量的命名规则相同，注意不能与同一级别的变量重名。

4）<参数列表>：可选项，根据函数需要而定，包含调用函数提供的参数。当有多个参数时，各个参数之间用逗号分隔，每个参数的格式如下。

> [ByVal|ByRef]<变量名>[()][As <类型>][, [ByVal|ByRef]<变量名>[()][As <类型>]…]

参数列表中的参数可以是变量或数组，若是数组则其后必须加一对空括号。As <类型>表示参数的类型。该选项也可以使用<类型说明符号>代替。[ByVal|ByRef]用来说明参数的传递方式，其含义将在后面详细介绍。

5）As<类型>：可选项，表示函数返回值的类型，若缺省则默认为变体型。该选项也可以使用<类型说明符>代替，但是<类型说明符>要直接写在函数过程名的后面。

6）在函数体内，至少要对函数名赋值一次，语句如下。

> 函数名=表达式

7）Exit Function：表示退出函数过程。

2．函数过程的调用

Function 过程的调用形式与 Visual Basic 提供的内部函数的调用形式相同。由于函数过程名返回一个值，故函数过程不能作为单独的语句加以调用，必须作为表达式中的一部分，再配以其他语法成分构成语句。

格式如下。

> <函数过程名>([<实参列表>])

其中，<实参列表>是传递给过程的变量或表达式。它必须与形参保持个数相同，位置与类型一一对应。实参可以是同类型的常数、变量、数组元素及表达式。

3．子过程的定义

定义子过程的语法格式如下。

```
[Static][Public][Private]Sub <子过程名>[(<参数列表>)]
局部变量或常数定义
语句
[Exit Sub]
End Sub
```

说明如下。

1）格式中的大部分选项与函数过程相同。若没有参数列表，括号也应省略不写。

2）Exit Sub：表示退出子过程。

4．子过程的调用

子过程的调用是通过一条独立的调用语句加以实现的。子过程的调用语句有两种语法形式。

格式 1：

```
Call <子过程名>[(<实参列表>)]
```

格式 2：

```
<子过程名>[(<实参列表>)]
```

说明：

1）用 Call 关键字时，若有实参，则实参必须加括号；若无实参，则圆括号可以省略。

2）无 Call 关键字时，圆括号可以有，也可以省略。

3）实参要获得子过程的返回值，实参只能是变量，不能是常量、表达式，也不能是控件名。

5．函数过程与子过程的区别

1）把某功能定义为函数过程还是子过程，没有严格的规定。只要能用函数过程定义的，肯定能用子过程定义，反之不一定。当过程有一个返回值时，函数过程直观；当过程有多个返回值时，习惯用子过程。

2）函数过程有返回值，过程名也有类型，在函数过程体内必须对函数过程名赋值；子过程名没有值，过程名也就没有类型，不能在子过程体内对子过程名赋值。

6．参数传递

在 Visual Basic 中，形参和实参的结合方式有两种，分别为按值传递（简称传值）和按地址传递（简称传址，又称为引用），其中，传址是默认的参数传递方式。在过程定义中，若某个形参前有 ByVal 关键字，则为值传递；若某个形参前有 ByRef 关键字或没有 ByVal 和 ByRef 关键字，则为地址传递。

7．数组参数的传递

在函数过程和子过程的定义中，也可以使用数组作为形式参数。数组做参数时，要在数组名后带上一对空括号（），并且数组做参数只能采用按地址传递方式。

说明：

1）数组作参数，在形参列表中数组不指明维数和上、下界，但括号不能省略。

2）对应的实参，也不指明维数和上、下界，但括号可以省略。

3）在过程中，用 LBound 和 UBound 获得数组的上界和下界。

4）数组作参数只能采用按地址传递方式。

8．过程的嵌套调用

Visual Basic 中的过程定义都是互相平行、独立的，也就是说在定义过程时，一个过程中不可以包含另外一个过程的定义，即过程不能嵌套定义。但是过程可以嵌套调用，也就是说主过程可以作为调用过程，去调用被调子过程或函数过程，被调过程又可以作为调用过程去调用其他被调过程。这种程序结构称为过程的嵌套调用。

9．过程的递归调用

Visual Basic 中允许在自定义子过程或函数过程的过程体中直接或间接地调用该自定义过程本身，这样的子过程或函数过程称为递归子过程或递归函数过程。递归调用的基本思想比较简单，许多数学问题都可以通过递归调用来解决。

10．Visual Basic 的工程结构

Visual Basic 应用程序对应一个工程文件（扩展名为.vbp），由 3 种模块组成，即窗体模块、标准模块和类模块（本书不进行详细介绍）。这些模块保存在特定类型的文件中。窗体模块保存在扩展名为.frm 的文件中；标准模块保存在扩展名为.bas 的文件中；类模块保存在扩展名为.cls 的文件中。每个模块又可以包含若干个过程。Visual Basic 的工程结构如图 6-1 所示。

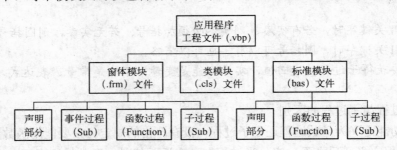

图 6-1　Visual Basic 的工程结构

（1）窗体模块

应用程序的每个窗体对应一个窗体模块，窗体模块中包含窗体及控件的属性设置、窗体局部变量的声明、窗体级全局变量的声明以及事件过程、函数过程和子过程等。

（2）标准模块

当一个应用程序中含有多个窗体时，可能其中的几个窗体都要调用某段公共代码。如果在每个窗体中都包含这些代码，就必然要产生大量的代码冗余，这就需要建立标准模块，并在标准模块中建立包含公共代码的通用过程，从而实现代码的共享。此外，在标准模块中，还可以包含公有或模块级变量、常量、类型、外部过程和全局过程等的声明或模块级声明。

注意：标准模块中只能定义通用过程，而不能定义事件过程。

在工程中添加标准模块的步骤如下。

① 在"工程"菜单中选择"添加模块"命令，在打开的"添加模块"对话框中，切换到"新建"选项卡。

② 双击其中的"模块"图标或选择"模块"图标后单击"打开"按钮，即可建立一个标准模块，同时打开标准模块代码窗口。

（3）类模块

类是指具有相同属性和方法的一组对象的集合。对象是类的实例。

在 Visual Basic 中，每种控件都对应着一个类，它们是 Visual Basic 为用户定义好的类，用户可以使用它们来建立相应的对象，但不能修改。但是，有时用户希望创建新的类来实现特定的功能，Visual Basic 支持用户通过在类模块中编写代码来建立新类。

11．过程的作用域

Visual Basic 的应用程序由窗体模块和标准模块等组成，而模块又由若干过程组成。过程所定义的位置以及定义过程所使用的关键字不同，可被访问的范围也就不同，这个范围称为过程的作用域。过程的作用域分为窗体/模块级和全局级。

（1）窗体/模块级过程

窗体/模块级过程是指在窗体或标准模块中定义的过程，定义时在过程名前加 Private 关键字。窗体/模块级过程只能被与其同处一个窗体或标准模块中的过程调用。在 Visual Basic 中，窗体模块中所有控件对象的事件过程都是窗体/模块级过程。

（2）全局级过程

全局级过程是指在窗体或标准模块中定义的过程，定义时在过程名前加 Public 关键字。若过程定义时，过程名前无 Private 和 Public 关键字，则默认为全局级过程。全局级过程的作用域为应用程序的全部窗体和全部标准模块，但根据过程定义的位置不同，调用方式有所不同。

如表 6-1 所示为窗体/模块级过程和全局级过程的声明及使用规则。

表 6-1　过程的作用域及声明、使用规则

作用域	窗体/模块级		全局级	
	窗体模块	标准模块	窗体模块	标准模块
定义方式	过程名前加 Private 关键字		过程名前加 Public 关键字，或无 Private 和 Public 关键字	
能否被本模块的其他过程调用	能	能	能	能
能否被本应用程序的其他模块调用	否	否	能，但必须在过程名前加窗体名	能，但过程名必须唯一

12．变量的作用域

变量同过程类似，根据定义的位置和定义使用的关键字不同，可被访问的范围也不同，这个范围称为变量的作用域。变量的作用域分为局部变量、模块级变量和全局变量。

（1）局部变量

局部变量是指在过程中用 Dim 语句声明的动态变量或使用 Static 语句声明的静态变量，或者未声明而直接使用的变量。局部变量的作用域为其声明语句所在的过程，只能在本过程中使用，不能被其他过程访问。不同的过程可以有相同名称的局部变量，彼此互不相干。

除了用 Static 声明的变量外，局部变量每次在其所在的过程运行时都要被重新分配存储

单元并初始化。一旦过程结束，变量释放占用的存储单元，其内容自动消失。局部变量通常用于保存临时数据。

（2）模块级变量

模块级变量是指在窗体模块或标准模块的通用声明段中用 Dim 语句或 Private 语句声明的变量。模块级变量的作用域为其声明语句所在的模块，可以被本模块中的所有过程访问。模块级变量在其所在的模块运行时被分配存储单元并初始化。

（3）全局变量

全局变量是指在窗体模块或标准模块的通用声明段中用 Public 语句声明的变量。全局变量的作用域为整个应用程序，可以被应用程序中的任何过程访问。全局变量在应用程序运行时分配存储单元并初始化，其值在整个应用程序运行期间始终不会消失和重新初始化，只有当整个应用程序结束时，才释放占用的存储单元。

如表 6-2 所示为局部变量、模块级变量和全局变量的声明及使用规则。

表 6-2　变量的作用域及声明、使用规则

作用范围	局部变量	窗体/模块级变量	全局变量	
			窗体模块	标准模块
声明语句	Dim、Static 或隐式声明	Dim、Private	Public	
声明位置	过程中	窗体/模块的通用声明段	窗体/模块的通用声明段	
能否被本模块其他过程存取	否	能	能	
能否被本应用程序其他模块存取	否	否	能，但在变量前加窗体名	能

13．变量的生存期

当一个过程被调用时，系统将给该过程中的变量分配存储单元。当该过程结束时，是释放还是保留变量的存储单元变量，这就是变量的生存期问题。根据变量的生存期，可以将变量分为动态变量和静态变量两类。

（1）动态变量

如果变量不是使用 Static 语句声明的，则属于动态变量。

在过程中用 Dim 语句声明或隐式声明的局部变量属于动态变量，当其所在的过程被调用时，由系统为其分配存储单元，并进行变量的初始化，当该过程结束时，则释放所占用的存储单元；窗体/模块级动态变量，在其所在的模块运行时，分配存储单元并初始化，在退出该模块时，释放所占用的存储单元；而全局级变量在应用程序运行时，分配存储单元并初始化，在退出应用程序时，释放所占用的存储单元。

（2）静态变量

如果变量是使用 Static 语句声明的，则属于静态变量。静态变量在应用程序运行期间，当其所在的过程第一次被调用时，由系统为其分配存储单元，并进行变量的初始化，而在过程结束时，保留所占用的存储单元。所以静态变量在应用程序运行期间，能够保留其值。只有当整个应用程序退出时，静态变量才释放所占用的存储单元。

在自定义函数过程或子过程的定义语句中，加上 Static 关键字，表明在该过程中所用的局部变量均为静态变量。

二、常见错误和疑难分析

1）如何确定使用自定义子过程还是函数过程。把某功能定义为函数过程还是子过程，没有严格的规定，但只要能用函数过程定义的，肯定能用子过程定义，反之不一定。一般当过程有一个返回结果时，可以编写函数过程，使用函数过程名返回结果，这时使用函数过程比较直观；当过程有多个返回值时，则习惯用子过程，当然也可以使用函数过程，通过函数过程名返回一个值，其余的通过实参与形参的结合返回。

2）参数传递方式的选用。在 Visual Basic 中，形参和实参的结合有传值和传地址两种方式，选用时一般进行如下考虑。

①若要将被调过程中的结果返回给调用程序，则形参必须是传地址方式。此时，实参必须是同类型的变量，不能是常量、表达式或控件属性名。

②若不希望过程修改实参的值，则应选用传值方式，这样可以增加程序的可靠性，并便于调试，从而减少各过程间的关联。

③形参是数组、自定义类型时，只能采用传地址方式。

3）实参与形参数据类型对应的问题如下。

在地址传递方式下，调用过程中的实参必须显式声明，且必须与函数过程或子过程中的形参的数据类型一致。

调用过程定义如下。

```
Private Sub Form_Click()
    n= 5.5
    Print MyFun(n)
End Sub
```

函数过程定义如下。

```
Private Function MyFun(p As Single) As Single
    MyFun = p ^ 2
End Function
```

上例中，形参 p 是单精度型，实参 n 是隐式声明的变量。在程序运行时，会发生"ByRef 参数类型不符"的编译错误，弹出如图 6-2 所示的提示框。

在值传递方式中，若是数值型，则实参按照形参的类型将值传递给形参。

调用过程定义如下。

```
Private Sub Form_Click()
    n = 5.5
    Print MyFun(n)
End Sub
```

图 6-2 "ByRef 参数类型不符"的
编译错误提示框

函数过程定义如下。

```
Private Function MyFun(ByVal p As Integer) As Single
    MyFun = p ^ 2
End Function
```

程序运行后显示的结果是 36。

4）参数传递方式对实参形式的限制。在数值传递方式下，可以用常量、变量、表达式、控件属性值等作为实参，但是在地址传递方式下，实参只能是变量。

函数过程定义如下。

```
Private Sub MySub(sum%, ByVal a%, ByVal b%)
    sum = a ^ 2 + b ^ 2
End Sub
```

调用过程定义如下。

```
Private Sub Form_Click()
    Dim s%, m%, n%
    MySub 1, 2, 3                '1
    MySub s, m, n                '2
    MySub s + m, m, n            '3
    MySub Sqr(s), Sqr(m), Sqr(n) '4
End Sub
```

在上例中，4 次调用子过程 **MySub**。第 1 次调用时，第 1 个实参是地址传递，因此不应该是常量；第 2 次调用是正确的；第 3、4 次调用时，第 1 个实参不应该是表达式，程序运行时，不产生编译错误，但无法返回正确的结果。

5）数组作为参数时应注意的问题。例如，有如下的程序。

调用过程定义如下。

```
Private Sub Form_Click()
    Dim n(1 To 5) As Integer
    Call create(n())
End Sub
```

子过程定义如下。

```
Private Sub create(a() As Integer)
    For i = LBound(a) To UBound(a)
        a(i) = Rnd() * 50
        Print a(i)
    Next i
End Sub
```

由以上程序看出，形参是数组时，只能是按地址传递方式。形参只需要以数组名和圆括号表示，不需要给出维数和上、下界。在过程中，一般通过 LBound、UBound 函数确定其上、下界。对应的实参也要以数组名和圆括号（可省）表示。

6）过程递归调用中的"堆栈溢出"问题。过程递归调用时，系统要将过程的当前状态信息（形参、局部变量、调用结束时的返回地址）压栈，直到到达递归结束条件。调用返回时，再不断从栈中弹出当前信息，直到栈空。如果程序中设定的递归终止条件总是无法到达的话，就会产生栈溢出错误。例如，有如下的程序。

调用过程定义如下。

```
Private Sub Form_Click()
    Print fac(6)
End Sub
```

函数过程定义如下。

```
Private Function fac(n As Integer)
    If n = 1 Then
        fac = 1
    Else
        fac = fac(n − 1) * n
    End If
End Function
```

上例运行结果为 720，但是若将实参改为–6，则程序运行时，将弹出如图 6-3 所示的提示框。

图 6-3 "溢出堆栈空间"实时错误提示框

出现错误的原因在于，调用 fac(–6)时，参数 n–1 为–7，压栈，再递归调用 fac(–7)，参数 n–1 为–8，压栈，……，如此继续下去，永远到达不了 n=1 的终止条件，直到栈满，从而产生栈溢出的错误。

所以设计一个正确的递归过程必须注意 3 点：

① 具备递归条件；

② 具备递归结束的条件；

③ 实参能够向结束条件方向收敛，否则就会产生栈溢出。

三、实验

1．实验目的

1）掌握通用函数过程和通用子过程的定义和调用方法。

2）掌握形式参数和实际参数之间的对应关系。

3）掌握按值传递和按地址传递的参数传递方式。

4）掌握嵌套和递归的概念和使用方法。

5）掌握变量和过程的作用域。

2．实验内容

1）编写一个函数过程，计算 m 的 n（n>0）次幂。利用主过程输入数据并将结果打印在窗体上。程序运行界面如图 6-4 所示。

2）分别编写函数过程，求一维数组的最大值和平均值。数组由主调过程随机产生，元素为 10 个 100～200 之间的整数。

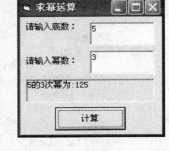

图 6-4　实验 1）程序运行界面

3）编写程序，实现一维数组升序排序。要求产生数组、对数组排序和打印数组，分别使用一个子过程实现。

4）找出 1000 以内的所有质数对，（如果 n 是一个质数且 n+2 也是一个质数，那么 n 和 n+2 就称为一个质数对），并将结果输出到列表框中。

5）编写一个函数过程，利用下面的式子计算 **π** 的近似值。通过调用该过程，输出 n=100、1000、10000、100000、1000000 时 **π** 的近似值。

$$\frac{\pi}{4}=1-\frac{1}{3}+\frac{1}{5}-\frac{1}{7}+\cdots+(-1)^{n-1}\frac{1}{2n-1}$$

6）编写一个函数过程，利用下面的式子计算 e^x 的近似值，直到最后一项小于 10^{-7} 为止。

$$e^x \approx 1+\frac{x}{1!}+\frac{x^2}{2!}+\frac{x^3}{3!}+\cdots+\frac{x^n}{n!}$$

7）编写一个函数过程，判断一个字符串是否回文。函数的返回值是逻辑值，即字符串回文返回 True，否则返回 False。程序界面如图 6-5 所示。

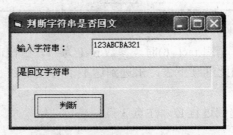

图 6-5　实验 7）程序运行界面

提示：

所谓回文是指字符串正读与倒读相同，例如 abcdcba。判断字符串是否回文，只需利用 Mid 函数从字符串两边开始依次取对应位置上的字符进行比较，若出现不相同的字符，则不是回文字符串。

8）编写一个子过程，实现字符串替换，使字符串 s 中出现的子字符串 s1 全部替换成子字符串 s2，结果仍存放在 s 中。例如 s= "abcde123abc"，s1="abc"，s2="A"，则运行后 s="Ade123A"。程序界面如图 6-6 所示。

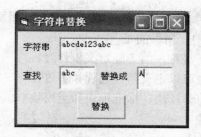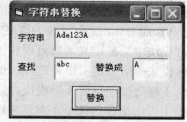

图 6-6 实验 8）程序运行界面

四、自测题

1．选择题

1）以下过程定义语句中，合法的是_____。

（A）Sub MyProc(ByVal n( ) As Integer)

（B）Sub MyProc(n As Integer) As Integer

（C）Function MyProc(MyProc) As Integer

（D）Function MyProc(ByVal n) As Integer

2）要在过程调用结束后，返回两个结果，下面的过程定义语句合法的是_____。

（A）Sub MyProc(n, m)

（B）Sub MyProc(ByVal n, m)

（C）Sub MyProc(n, ByVal m)

（D）Sub MyProc(ByVal n, ByVal m)

3）以下关于自定义函数过程的叙述中，错误的是_____。

（A）函数过程的返回值可以有多个

（B）当数组作为函数过程的参数时，只能使用按地址传递方式

（C）如果不指定函数过程参数的类型，则该参数默认为变体型

（D）函数过程形参的类型与返回值的类型没有关系

4）以下关于自定义子过程的叙述中，错误的是_____。

（A）子过程的调用是通过一条独立的调用语句实现的

（B）用 Call 语句调用子过程时，若无实参，则圆括号可以省略

（C）使用没有 Call 关键字的过程调用时，过程名后的圆括号必须省略

（D）要获得子过程的返回值，则实参只能是变量

5）在自定义过程中，要使某个形式参数与对应的实际参数之间为按值传递，则需要在形式参数前加关键字_____。

（A）Optional   （B）ByVal   （C）ByRef   （D）Static

6）以下关于变量声明的叙述中，正确的是_____。

（A）凡是用 Dim 语句声明的变量，一定是局部变量

（B）只有用 Dim 语句或 Static 语句声明的变量，才是局部变量

（C）Public 语句在代码窗口的任何位置都可以声明全局变量

（D）在模块代码的通用声明段，可以用 Private 或 Dim 语句声明模块级变量

7）以下关于 Visual Basic 工程模块的叙述中，错误的是_____。

（A）标准模块中只能定义函数过程和子过程，而不能定义事件过程

（B）窗体模块中可以定义事件过程，也可以定义函数过程和子过程

（C）一个工程文件中包含 3 种模块：窗体模块、标准模块和类模块

（D）一个工程中至少包含一个窗体模块

8）Sub 过程与 Function 过程最根本的区别是_____。

（A）Sub 过程可以使用 Call 语句或直接使用过程名调用，而 Function 过程不可以

（B）Function 过程可以有参数，Sub 过程不可以

（C）两种过程参数的传递方式不同

（D）Sub 过程的过程名不能返回值，而 Function 过程能通过过程名返回值

9）在 Visual Basic 中，下面_____组变量是同一个变量。

（A）A1 和 a1   （B）SUM 和 SUMMARY

（C）AVER 和 AVERAGE   （D）A1 和 A_1

10）对于用户自定义的可供当前工程中各个窗体调用的过程，通常都存放在_____中。

（A）工程文件   （B）标准模块文件

（C）窗体模块文件   （D）类模块文件

11）关于过程返回值的说法正确的是_____。

（A）Function 过程与 Sub 过程都用过程名来返回值

（B）如果 Function 过程中没有指定返回值，那么 Function 过程不会返回任何值

（C）如果定义 Function 过程时没有具体指定返回值类型，那么 Function 过程的返回值类型由返回值表达式类型决定

（D）定义 Function 过程时没有具体指定返回值类型，那么过程返回值类型为变体型

12）名为 Fact 的 Sub 过程的形式参数为数组，以下定义语句正确的是_____。

（A）Private Sub Fact(a(9) as Integer)

（B）Private Sub Fact(a() as Integer)

（C）Private Sub Fact(Byval a() as Integer)

（D）Private Sub Fact(a(,) as Integer)

13）若在应用程序的标准模块、窗体模块和过程 Sub1 的说明部分，分别用 Public G as Integer、Private G as Integer、Dim G as Integer 语句说明 3 个同名变量 G，且在过程 Sub1 中使用赋值语句 G=35，则该语句是给在_____说明部分定义的变量 G 赋值。

（A）标准模块   （B）过程 Sub1   （C）窗体模块   （D）以上 3 个都是

14）通用过程可以通过选择"工具"菜单中的"_____"命令来建立。

（A）添加过程   （B）通用过程   （C）添加窗体   （D）添加模块

15）下面的过程定义语句中合法的是_____。

（A）Sub Proof(ByVal n())

（B）Sub Proof(n) As Integer

（C）Function Proof(Proof)

（D）Function Proof(ByVal n)

16）以下关于变量作用域的叙述中，正确的是_____。

（A）窗体中凡被声明为 Private 的变量，只能在某个特定的过程中使用

（B）全局变量必须在标准模块中声明

（C）模块级变量只能用 Private 关键字声明

（D）Static 类型变量的作用域是它所在的窗体或模块文件

17）以下关于过程的叙述中，错误的是_____。

（A）事件过程是由某个事件被触发而执行的过程

（B）函数过程的返回值可以有多个

（C）可以在事件过程中调用通用过程

（D）不能在事件过程中定义函数过程

18）以下关于函数过程的叙述中，正确的是_____。

（A）如果不指明函数过程参数的类型，则该参数没有数据类型

（B）函数过程的返回值可以有多个

（C）当数组作为函数过程的参数时，既能以传值方式传递，也能以引用方式传递

（D）函数过程形参的类型与函数返回值的类型没有关系

19）以下叙述中错误的是_____。

（A）语句 Dim a,b As Integer 声明了两个整型变量

（B）不能在标准模块中定义 Static 型变量

（C）窗体层变量必须先声明后使用

（D）在事件过程或通用过程内定义的变量是局部变量

20）以下叙述中错误的是_____。

（A）用 Shell 函数可以执行扩展名为.exe 的应用程序

（B）若用 Static 定义通用过程，则该过程中的局部变量被默认为 Static 类型

（C）Static 类型的变量可以在标准模块的声明部分定义

（D）全局变量必须在标准模块中用 Public 或 Global 声明

21）以下叙述中正确的是_____。

（A）一个 Sub 过程至少有一个 Exit Sub 语句

（B）一个 Sub 过程必须有一个 End Sub 语句

（C）可以在 Sub 过程中定义一个 Function 过程，但不能定义 Sub 过程

（D）调用一个 Function 过程可以获得多个返回值

22）在参数传递过程中，使用关键字_____来修饰参数，可以使之按值传递。

（A）ByVal　　（B）ByRef　　　（C）Value　　　（D）Reference

23）在窗体模块的通用声明段中声明变量时，不能使用_____关键字。

（A）Dim　　　（B）Public　　　（C）Private　　　（D）Static

24）在调用过程时，下述说明中正确的是_____。

（A）只能使用 Call 语句调用 Sub 过程

（B）调用 Sub 过程时，实数必须用括号括起来

（C）在表达式中调用 Function 过程时，可以不用括号括起实参

（D）Function 过程也可使用 Call 语句调用

25）在离开某一过程后，若希望保存该过程中局部变量的值，则应使用_____关键字定义该过程中的局部变量。

    （A）Dim   （B）Public   （C）Private   （D）Static

26）只能在_____中使用 Static 语句声明静态变量。

    （A）过程   （B）窗体模块   （C）标准模块   （D）整个应用程序

27）自定义过程中，在形式参数名称前加 ByVal 关键字表示_____。

    （A）按值传送   （B）按地址传送

    （C）未知方式   （D）同名的形参、实参才能进行值的传送

28）Visual Basic 应用程序是分层管理的，其最高的层次为_____。

    （A）工程   （B）模块   （C）窗体   （D）过程

2．填空题

1）在过程中定义的变量，若在离开该过程时还能够保留过程中局部变量的值，则在定义该局部变量时，应该使用关键字_____。

2）若需要将子过程中的结果返回给主程序，则参数必须采用_____方式传递。

3）当实参是常量或表达式时，则参数只能采用_____方式传递。

4）当数组作为形式参数时，在过程体中对该数组进行操作，可以使用_____和_____函数确定数组的下界和上界。

5）可以在窗体或标准模块的_____声明全局变量，应使用_____关键字声明。

6）可以在窗体或标准模块的_____声明模块级变量，应使用_____或_____关键字声明。

7）声明动态局部变量使用_____关键字，声明静态局部变量使用_____关键字。

8）按照作用域，过程可以分为_____过程和_____过程。前者可以用_____关键字声明，后者可以用_____关键字声明。

9）当局部变量、模块级变量和全局变量同名时，优先级最高的是_____，最低的是_____。

10）在自定义过程中，调用自定义过程本身称为_____。

11）在 Visual Basic 中以 Function 保留字开始定义_____过程。

12）传地址方式是当过程被调用时，形参和实参共享_____。

13）过程调用时的参数传递分为值传递和地址传递，数组作为参数采用_____传递。

14）过程调用时的参数传递分为值传递和地址传递，指明值传递需要使用关键字_____说明形参。

15）Visual Basic 中的变量按其作用分为全局变量、模块变量和_____。

16）如果要指明 mystring 为固定 15 个字长的全局变量，应该在标准模块中用以下说明语句定义_____。

17）在 Visual Basic 中，过程的作用域分为窗体/模块级和_____级。

18）在调用过程时传送给过程的常数、变量、表达式或数组叫做_____参数。

19）在过程调用中，参数的传递可分为地址传递和_____传递两种方式。

20）在过程调用中，参数的传递可分为两种方式，其中按_____传递方式是默认的。

3．判断题

1）公有变量声明的位置只能在标准模块的声明部分（通用声明段）。

2）过程的传值调用参数是单向传递的，过程的传址调用参数是双向传递的。

3）过程的递归调用就是在过程中"自己调用自己"。

4）过程中的静态变量是局部变量，当过程再次被执行时，静态变量的初值是上一次过程调用后的值。

5）函数过程（Function Procedure）用来完成特定的功能，但不返回相应的结果。

6）局部变量的作用域可以超出所定义的过程。

7）某一过程中的静态变量及其值可以在其他过程中使用。

8）全局变量用 Global 或 Public 关键字声明，且仅在通用声明处定义。

9）如果过程被定义为 Static 类型，则该过程中的局部变量都是 Static 类型。

10）如果某子程序 add 用 Public Static Sub add( )定义，则该子程序的变量都是局部变量。

11）如果在过程调用时使用按值传递参数，则在被调过程中可以改变实参的值。

12）形式参数的数据类型可以为数值型、字符串型（包括变长和定长）等。

13）用 Dim 语句声明的局部变量能保存上一次过程调用的值。

14）用 Public 声明的数组是全局变量。

15）将一子程序定义为 Public Sub aaa(a as integer)，则 Call aaa(2) 是按地址传递方式传递参数的。

16）在 Sub 过程中，可以用 Exit Sub 语句退出 Sub 过程。

17）在 Sub 过程中可以嵌套调用 Sub 过程。

18）在 Sub 过程中能够嵌套定义 Sub 过程。

19）在 Visual Basic 中，用 Dim 定义数组时可以将 0 自动赋值给数组元素。

20）在窗体的 Load 事件过程中定义的变量是全局变量。

21）在窗体模块的声明部分，用 Private 声明的变量有效范围是其所在的工程。

22）在过程中用 Dim 和 Static 定义的变量都是局部变量。

4．阅读下面的程序，回答问题

1）

```
Private Sub s()
    x = 1: y = 2: z = x + y
    Print x; y; z
End Sub
Private Sub Form_Click()
    x = 3: y = 5: z = x + y
    Call s
    Print x; y; z
End Sub
```

运行时单击窗体，则可以在窗体上输出什么结果？

2）

```
Private Sub p(n)
```

```
            n = 1 + 2 * n
    End Sub
    Private Sub Form_Click()
        For i = 7 To 5 Step −1
            Call p(n)
            m = m + n
        Next i
        Print "m="; m; "n="; n
    End Sub
```

运行时单击窗体，则可以在窗体上输出什么结果？

3）

```
    Private Function f(m As Integer)
        n = 0
        Static s
        n = n + 1: s = s + 1: f = m + n + s
        n = 1 + 2 * n
    End Function
    Private Sub Form_Click()
        Dim m As Integer
        m = 2
        For i = 1 To 3
            Print f(m);
        Next i
    End Sub
```

运行时连续 3 次单击窗体，则可以在窗体上输出什么结果？

4）

```
    Dim b As Integer
    Private Sub Form_Click()
        a = 10: b = 20
        Call s (a)
        Print a;b
    End Sub
    Public Sub s (x)
        x = x * 2: b = b + 5
    End Sub
```

运行时单击窗体，则可以在窗体上输出什么结果？

5）

```
    Private Sub Form_Click()
        Call s
    End Sub
    Static Sub s ()
```

```
        For i = 1 To 5
            s = s + i
        Next i
        Print s;
    End Sub
```

运行时连续 3 次单击窗体，则可以在窗体上输出什么结果？

6）

```
    Private Sub Form_Click()
    Dim x As Integer, y As Integer
    x = 24: y = 36
    Call s(x, y)
    Print x; y
    End Sub
    Sub s(m As Integer, ByVal y As Integer)
    m = m Mod 5
    n = n Mod 5
    End Sub
```

运行时单击窗体，则可以在窗体上输出什么结果？

7）

```
    Private Sub Form_Click()
    Dim s As Integer, i As Integer
    s = 0
    For i = 1 To 5
    s = s + p(i)
    Next i
    Print s
    End Sub
    Function p(n As Integer) As Integer
    Static Sum As Integer
    For i = 1 To n
    Sum = Sum + i
    Next i
    p = Sum
    End Function
```

运行时单击窗体，则可以在窗体上输出什么结果？

8）

```
    Private Sub Form_Click()
    Dim s1 As String, s2 As String
    s1 = "ABCDEFG"
    Call s(s1, s2)
    Print s2
```

```
End Sub
Private Sub s(ByVal x As String, y As String)
Dim temp As String, i As Integer
i = Len(x)
Do While i >= 1
temp = temp + Mid(x, i, 1)
i = i - 1
Loop
y = temp
End Sub
```

运行时单击窗体，则可以在窗体上输出什么结果？

9）

```
Private Sub Form_Click()
Dim s1 As String, s2 As String
s1 = "ABCDEF"
s2 = f(s1)
Print s2
End Sub
Private Function f(ByVal x As String) As String
Dim temp As String, i As Integer
temp = ""
xlen = Len(x)
i = 1
Do While i <= xlen − 3
temp = temp + Mid(x, i, 1) + Mid(x, xlen − i + 1, 1)
i = i + 1
Loop
f = temp
End Function
```

运行时单击窗体，则可以在窗体上输出什么结果？

10）

```
Private Sub Form_Click()
Dim m As Integer, i As Integer, x(10) As Integer
For i = 0 To 5
x(i) = i + 1
Next i
For i = 1 To 3
Call proc(x)
Next i
For i = 0 To 5
Print x(i)
Next i
End Sub
```

```
Private Sub proc(a() As Integer)
Static i As Integer
Do
a(i) = a(i) + a(i + 1)
i = i + 1
Loop While i < 3
End Sub
```

运行时单击窗体，则可以在窗体上输出什么结果？

5．程序填空题

1）下面的过程 max()用于求 3 个数中的最大值，利用这个过程求 5 个数中的最大值。

```
Private Sub Form_Click()
Print "5 个数 34、124、68、73、352 的最大值是："
max1 = max(34, 124, 68)
max1 = 【1】
Print max1
End Sub
Public Function max(【2】)
If a > b Then
    m = a
Else
    m = b
End If
If 【3】 Then
    max = m
Else
    max = c
End If
End Function
```

2）以下程序段用于求 Σn!的值。

```
Private Sub Form_Click()
    Dim sum As Long, n As Long
    n = InputBox("请输入一个正整数")
    sum = 0
    For i = 1 To n
        sum = 【4】
    Next i
    Print sum
End Sub

Private Function mul(ByVal x As Long)
    Dim s As Long, i As Long
    s = 1
    For i = 1 To 【5】
```

```
        s = s * i
    Next i
    【6】
End Function
```

3）利用下面的过程求 m!和 m*n 的值。

```
Private Sub Form_Click()
    Dim m As Integer, n As Integer
    m = 2
    n = 3
    【7】
End Sub
Private Sub find(x As Integer, y As Integer)
  Dim s, i As Integer
    【8】
    For i = 1 To x
        s = s * i
        p= 【9】
    Next i
    Print s, p
End Sub
```

6．程序改错题

1）题目：在下面的程序段中，过程 pd 可以判断任意 3 个数能否构成三角形的三边，利用该过程的判定结果，计算构成的三角形面积，构不成的显示"不能构成三角形"。

```
Option Explicit
Private Sub Form_Click()
Dim x%, y%, z%, s%, b As Boolean, h As Single
x = InputBox("请输入三角形的边长")
y = InputBox("请输入三角形的边长")
z = InputBox("请输入三角形的边长")
b = pd(x, y, z)
h = (x + y + z)/2
If Not b Then
  s = Sqr(h * (h - x) * (h - y) * (h - z))
  Print "三角形面积是"; s
Else
  Print "不能构成三角形"
End If
End Sub
Public Function pd() As Boolean
If x > 0 And y > 0 And z > 0 And x + y > 0 And x + z > y And y + z > x Then
  pd = True
Else
```

```
        pd = False
    End If
End Function
```

2）题目：下面程序的作用是产生 100 以内的全部素数，按每行 5 个数据输出。

```
Option Explicit
Private Function prime(ByVal n As Integer)
    Dim i As Integer
    prime = 1
    If n <= 1 Then prime = 0
    For i = 1 To n – 1
        If n Mod i = 0 Then prime = 0
    Next i
End Function
Private Sub Form_Click()
    Dim i As Integer, k As Integer
    k = 0
    For i = 1 To 100
        If prime(i) = 1 Then
            Print Tab((k Mod 5) * 8); I
            k = k + 1
            If k Mod 4 = 0 Then Print ;
        End If
    Next i
End Sub
```

3）题目：求 s=2!+4!+6!+8!，阶乘的计算用 Function 过程的 fact 实现。

```
Private Sub Form_Click()
Dim i As Integer, s As Long
For i = 2 To 8
 s = s + fact(i)
Next i
Print s
End Sub
Public Function fact()
Dim t As Long
Dim i As Integer
t = 1
For i = 1 To n
t = t * i
Next i
fact = I
End Function
```

五、自测题答案

1. 选择题

1) D　2) C　3) A　4) C　5) B　6) D　7) C　8) D　9) A　10) B　11) D
12) B　13) B　14) A　15) D　16) B　17) B　18) D　19) A　20) C　21) B
22) A　23) D　24) D　25) D　26) A　27) A　28) A

2. 填空题

1) Static

2) 按地址传递

3) 按值传递

4) Lbound、UBound

5) 通用声明段、Public

6) 通用声明段、Private、Dim

7) Dim、Static

8) 窗体/模块级、全局级、Private、Public

9) 局部变量、全局变量

10) 过程的递归调用

11) 函数

12) 存储单元

13) 地址

14) ByVal

15) 局部变量

16) Public mystring As String*15

17) 全局

18) 实际

19) 值

20) 地址

3. 判断题

1) T　2) T　3) T　4) T　5) F　6) F　7) F　8) F　9) T　10) F　11) F　12) T
13) F　14) T　15) F　16) T　17) T　18) F　19) F　20) F　21) F　22) T

4. 阅读下面的程序，回答问题

1)

1 2 3

3 5 8

2)

m=11　n=7

3)

4 5 6 7 8 9 10 11 12

4）

20   25

5）

15   30   45

6）

4   36

7）

70

8）

GFEDCBA 字符串反向输出

9）

AFBECD

10）

3   5   7   9   11   6

5．程序填空题

【1】max(max1,73,352)

【2】byval a, byval b, byval c

【3】m>c

【4】sum+mul(i)

【5】x

【6】mul=s

【7】Call find(m,n)

【8】s=1

【9】x*y

6．程序改错题

1）题目：在下面的程序段中过程 pd 可以判断任意 3 个数能否构成三角形的三边，利用该过程的判定结果，计算构成的三角形面积，构不成的显示"不能构成三角形"

```
Option Explicit
Private Sub Form_Click()
Dim x%, y%, z%, s as double, b As Boolean, h As Single
x = InputBox("请输入三角形的边长")
y = InputBox("请输入三角形的边长")
z = InputBox("请输入三角形的边长")
b = pd(x, y, z)
h = (x + y + z) / 2
If b Then
   s = Sqr(h * (h - x) * (h - y) * (h - z))
   Print "三角形面积是"; s
Else
```

```vb
    Print "不能构成三角形"
End If
End Sub
Public Function pd(x,y,z) As Boolean
If x > 0 And y > 0 And z > 0 And x + y > 0 And x + z > y And y + z > x Then
   pd = True
Else
   pd = False
End If
End Function
```

2）题目：下面程序的作用是产生 100 以内的全部素数，按每行 5 个数据输出。

```vb
Option Explicit
Private Function prime(ByVal n As Integer)
   Dim i As Integer
   prime = 1
   If n <= 1 Then prime = 0
      For i = 2 To n − 1
         If n Mod i = 0 Then prime = 0
      Next i
End Function
Private Sub Form_Click()
   Dim i As Integer, k As Integer
   k = 0
   For i = 1 To 100
      If prime(i) = 1 Then
         Print Tab((k Mod 5) * 8); I;
         k = k + 1
         If k Mod 5 = 0 Then Print
      End If
   Next i
End Sub
```

3）题目：求 s=2!+4!+6!+8!，阶乘的计算用 Function 过程的 fact 实现。

```vb
Private Sub Form_Click()
Dim i As Integer, s As Long
For i = 2 To 8 Step 2
   s = s + fact(i)
Next i
Print s
End Sub
Public Function fact(n)
Dim t As Long
```

```
Dim i As Integer
t = 1
For i = 1 To n
t = t * i
Next i
fact = t
End Function
```

六、实验参考程序

1）实验1）参考程序如下。

```
Private Function Power(x As Integer, y As Integer) As Single
    Dim result As Single
    result = 1
    For i = 1 To y
        result = x * result
    Next i
    Power = result
End Function
Private Sub Command1_Click()
    Dim a As Integer, b As Integer
    a = Val(Text1.Text)
    b = Val(Text2.Text)
    Label3.Caption = a & "的" & b & "次幂为:" & Power(a, b)
End Sub
```

2）实验2）参考程序如下。

```
Private Function Max(a() As Integer) As Integer
    Dim i As Integer
    Max = a(LBound(a))
    For i = LBound(a) + 1 To UBound(a)
        If a(i) > Max Then Max = a(i)
    Next i
End Function
Private Function Average(a() As Integer) As Single
    Dim i As Integer, sum As Integer
    sum = 0
    For i = LBound(a) To UBound(a)
        sum = sum + a(i)
    Next i
    Average = sum / (UBound(a) - LBound(a) + 1)
End FunctionPrivate Sub Form_Click()
```

```
        Dim a(10) As Integer
        Randomize
        Print "数组元素为："
        For i = 1 To 10
            a(i) = Int(Rnd * 101 + 100)
            Print "a("; i; ")="; a(i)
        Next i
        Print "最大值="; Max(a())
        Print "平均值="; Average(a())
    End Sub
```

3）实验3）参考程序如下。

```
    Private Sub MySet(a() As Integer)
        Dim i As Integer
        Randomize
        For i = LBound(a) To UBound(a)
            a(i) = Int(Rnd * 100)
        Next i
    End Sub
    Private Sub MyPrint(a() As Integer)
        Dim i As Integer
        For i = LBound(a) To UBound(a)
            Print "a("; i; ")="; a(i);
            If (i + 1) Mod 5 = 0 Then Print
        Next i
        Print
    End Sub
    Private Sub MySort(a() As Integer)
        Dim i As Integer, j As Integer, t As Integer
        For i = LBound(a) To UBound(a) - 1
            For j = i + 1 To UBound(a)
                If a(i) > a(j) Then
                    t = a(i): a(i) = a(j): a(j) = t
                End If
            Next j
        Next i
    End Sub
    Private Sub Form_Click()
        Dim a(9) As Integer
        Call MySet(a())
        Print "数组排序前："
        Call MyPrint(a())
        Print "数组排序后："
```

```
        Call MySort(a())
        Call MyPrint(a())
    End Sub
```

4）实验 4）参考程序如下。

```
    Private Sub Command1_Click()
        Dim i As Integer
        For i = 1 To 498
            If IsZ(i) And IsZ(i + 2) Then List1.AddItem Str(i) & Str(i + 2)
        Next i
    End Sub

    Private Function IsZ(n As Integer) As Boolean
        Dim i As Integer
        IsZ = True
        For i = 2 To Int(Sqr(n))
            If n Mod i = 0 Then
                IsZ = False
                Exit Function
            End If
        Next i
    End Function
```

5）实验 5）参考程序如下。

```
    Private Function Pai(n As Long) As Single
        Dim i As Long, fh As Integer
        Pai = 1
        fh = 1
        For i = 1 To n
            fh = -fh
            Pai = Pai + fh / (2 * i + 1)
        Next i
        Pai = Pai * 4
    End Function
    Private Sub Form_Click()
        Print "n=100 时，π 的近似值为："; Pai(100)
        Print "n=1000 时，π 的近似值为："; Pai(1000)
        Print "n=10000 时，π 的近似值为："; Pai(10000)
        Print "n=100000 时，π 的近似值为："; Pai(100000)
        Print "n=1000000 时，π 的近似值为："; Pai(1000000)
    End Sub
```

6）实验 6）参考程序如下。

```
    Private Sub Form_Click()
```

101

```
            Dim n As Integer
            ex = 1: n = 1: t = 1
            Do
                t = 1/p(n)
                ex = ex + t
                n = n + 1
            Loop While t >= 10 ^ (-7)
            Print "e 的 x 幂的近似值为："; ex
        End Sub
        Private Function p(x As Integer) As Double
            Dim n As Integer
            p = 1
            For n = 1 To x
            p = p * n
            Next n
        End Function
```

7）实验 7）参考程序如下。

编写函数过程 hwStr 的代码：

```
        Private Function hwStr(str As String) As Boolean
            Dim i As Integer, lenstr As Integer
            str = Trim(str)
            lenstr = Len(str)
            hwStr = True
            For i = 1 To lenstr \ 2
                If Mid(str, i, 1) <> Mid(str, lenstr - i + 1, 1) Then
                    hwStr = False
                    Exit Function
                End If
            Next i
        End Function
```

编写 Command1 的 Click 事件代码：

```
        Private Sub Command1_Click()
            Dim s As String, hw As Boolean
            s = Text1.Text
            hw = hwStr(s)
            If hw Then
                Label2.Caption = "是回文字符串"
            Else
                Label2.Caption = "不是回文字符串"
            End If
        End Sub
```

8）实验 8）参考程序如下。

```
        Private Sub Command1_Click()
```

```vb
        Dim s As String, s1 As String, s2 As String
        s = Text1.Text
        s1 = Text2.Text
        s2 = Text3.Text
        Call myReplace(s, s1, s2)
        Text1.Text = s
End Sub
Private Sub myReplace(Str As String, Str1 As String, Str2 As String)
        Dim pos As Integer, lenStr As Integer, lenStr1 As Integer
        pos = InStr(Str, Str1)
        lenStr1 = Len(Str1)
        Do While pos > 0
                lenStr = Len(Str)
                Str = Left(Str, pos - 1) + Str2 + Right(Str, lenStr - (pos + lenStr1) + 1)
                pos = InStr(Str, Str1)
        Loop
End Sub
```

第7章 常用控件

一、知识要点

1. 单选按钮和复选框

单选按钮主要用于多选一的情况，复选框用于多选多的情况。这两个控件都使用 Value 属性来表示是否处于选中状态，主要响应的事件是 Click 事件。

2. 框架

框架作为容纳其他控件的容器，一般不编写任何事件过程。为了便于分类，只是对其 Caption 属性进行设置。

3. 列表框和组合框

列表框和组合框都是可以显示已输入字符串的控件。列表框的外观和文本框比较像，但它们有各自不同的方法和属性；组合框可以看成列表框和文本框的结合。文本框用于输入，列表框用于显示。

4. 滚动条

滚动条的主要属性有 Max、Min、Value、SmallChange 和 LargeChange，主要事件有 Change 事件和 Scroll 事件。

5. 定时器

定时器作为唯一的定时控件，Interval 属性决定 Timer 事件间隔多长时间触发一次，计时单位为毫秒，即 0.001s，它的 Enabled 属性设为 True 时，Interval 属性和 Timer 事件都起作用，反之不起作用。

6. 图形框和图像框

图形框和图像框都可以显示图形，但图形框可以作为容器容纳其他控件。在设计时图形框和图像框都可以通过 Picture 属性加入图片，图形框通过 AutoSize 属性来改变和图片之间的关系，而图像框通过 Stretch 属性来改变和图片之间的关系。在运行时都可以通过 LoadPicture 函数来加载图片。

7. 直线和形状控件

可以对直线控件设置线的颜色、线型和线宽；形状控件除了具有以上属性外，还可以对其设置填充的颜色、填充的图案和简单的几何形状等。

8. 控件数组

控件数组是指在同一个窗体上，具有相同的对象名、相同事件过程的一组相同类型的控件。控件数组中每个控件用数组下标 Index 来区分，编写事件过程时，也是用下标来区分哪个控件触发了事件。

二、常见错误和疑难分析

1）定时器不起作用。不起作用的原因有两个，一是 Enabled 属性设置成了 False，另一个可能是 Interval 属性设置成了 0。

2）滚动条的 Scroll 和 Change 事件分不清。滚动条的 Scroll 事件是在拖动滑块时产生的，而 Change 事件是在 Value 值改变之后触发的。

3）如何将控件放置在框架中？当需要将控件放到框架时，要先选中框架，再拖动控件到框架中。

4）在设计时，图形框和图像框的 Picture 属性选定后去不掉。对于在设计时设置了 Picture 属性后，如果需要把它清空，但总是清不掉，此时有两种办法，一种方法是删除控件后重新加载一个，另一种方法是在 Form_Load 事件中使其加载图片为空。

5）单选按钮和复选框的作用分不清。单选按钮可以在不同的状态之间进行切换，而复选框是把不同的状态进行累加。如果只有楷体和黑体两种字体，这时只能用单选框，因为字体的两种状态不可能累加起来，也就是说这个字不可能既是楷体又是黑体。对于字体的效果设置，如斜体、加黑等，就可以用复选框，因为这些状态可以同时作用于文字上。

三、实验

1．实验目的
掌握常用控件的使用。

2．实验内容

1）简单的运算器。设计界面如图 7-1 所示，在文本框 Text1 和 Text2 中输入操作数后，选择相应的运算符，结果就显示在文本框 Text3 中，如图 7-2 所示。

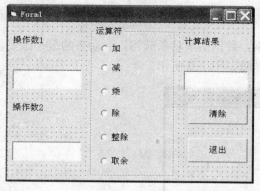

图 7-1　简单运算器初始界面

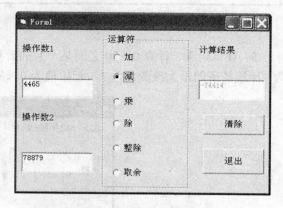

图 7-2　简单运算器运行界面

2）点菜程序。在菜单中选中要点的菜，单击"提交"按钮，会出现一个信息框，此时在窗体上会出现客户点好的菜，"提交"按钮变为"重新点菜"按钮，菜单变为无效。设计界面如图 7-3 所示，运行界面如图 7-4 所示。

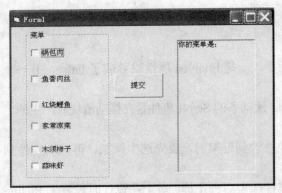
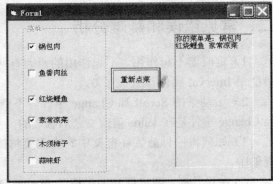

图 7-3 点菜程序设计界面　　　　　　　图 7-4 点菜程序运行界面

3）对文本的输出效果进行美化，程序设计界面如图 7-5 所示，设置字体、大小和效果后，单击"确定"按钮，效果即可作用在输入的字体上。

4）显示属相。输入出生的年份（1900~2100），系统会给出属性，并显示在窗体上，如图 7-6 所示。

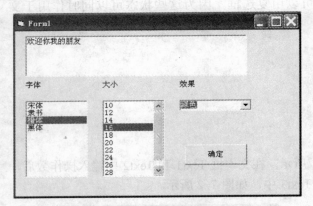

图 7-5 文本美化设计界面　　　　　　　图 7-6 属相运行界面

5）计算阶乘。计算 0~20 之间某个数的阶乘，数据由滚动条获得，滚动条的最小改变量为 1，滚动条的最大改变量为 3，初始值为 0，界面如图 7-7 所示。

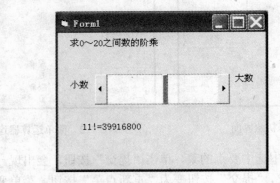

图 7-7 计算阶乘运行界面

6）用控件数组来实现（1）中的相应功能。

四、自测题

1. 选择题

1）若要使复选框控件处于选中状态，应设置其 Value 属性的值为_____。

（A）0   （B）1   （C）False   （D）True

2）下面的控件中，可以包含其他控件的是_____。

（A）CommandButton   （B）CheckBox   （C）PictureBox   （D）Image

3）列表框（ListBox）中，可以使用_____方法清除所有内容。

（A）Cls   （B）RemoveItem   （C）AddItem   （D）Clear

4）下列控件中，没有 Caption 属性的是_____。

（A）框架   （B）列表框   （C）复选框   （D）单选按钮

5）假如列表框（List1）中有 4 个数据项，那么把数据项 CHINA 添加到列表框的最后，就使用_____语句。

（A）List1.AddItem 3, "CHINA"   （B）List1.AddItem"CHINA" ,1

（C）List1.AddItem "CHINA",3   （D）List1.AddItem"CHINA", List1.ListCount

6）在 Visual Basic 系统中，不能作为容器使用的对象是_____。

（A）Frame   （B）Form   （C）PictureBox   （D）Image

7）下列设置中，可以使计时器 Timer1 停止计时的是_____。

（A）Timer1.Locked=True   （B）Timer1.Locked=False

（C）Timer1.Enabled=True   （D）Timer1.Enabled=False

8）下列关于组合框的叙述中，正确的是_____。

（A）组合框有 Click 事件，没有 Change 事件

（B）组合框有 Change 事件，没有 Click 事件

（C）组合框有 Click 事件，也有 Change 事件

（D）组合框没有 Click 事件，也没有 Change 事件

9）设置_____属性，可以使图片显示在图片框或图像框中。

（A）Picture   （B）Image   （C）Icon   （D）DownPicture

10）在图像框控件（Image1）中加载图片后，为了使图像框控件能够自动调整大小而显示整幅图片，可以使用语句_____。

（A）Image1.Autosize=True   （B）Image1.Autosize=False

（C）Image1.Stretch=True   （D）Image1.Stretch=False

11）在图形框控件（Picture1）中加载图片后，为了使图形控件能够自动调整大小而显示整幅图片，可以使用语句_____。

（A）Piciture1.Autosize=True   （B）Piciture1.Autosize=False

（C）Picture1.Stretch=True   （D）Picture1.Stretch=False

12）下列操作中能够触发滚动条的 Scroll 事件的是_____。

（A）单击滚动条两端的滚动箭头   （B）单击滚动条上滑块两侧的空白处

（C）单击滚动条上的滑块　　　　　　（D）拖动滚动条上的滑块

13）窗体中包含 3 个同名命令按钮 Command1，其中 Caption 分别为对应下标的值 0、1、2，依次单击这 3 个按钮，窗体中的输出结果是_____。

```
Private Sub Command1_Click(Index as integer)
Print index
End Sub
```

（A）0　　　　　（B）0　　　　　（C）0　　　　　（D）0 1 2
　　　0　　　　　　　　1
　　　0　　　　　　　　2

14）在窗体上有一个文本框控件，名称为 Text1；一个计时器控件，名称为 Timer1，其 Interval=1000。要求每秒钟在文本框中显示一次当前时间，请将程序补充完整。

```
Private Sub Timer1_____()
Text1.Text=Time
End Sub
```

（A）Visible　　（B）Interval　　　（C）Timer　　（D）Enabled

15）下列事件过程的功能是，在加载窗体时启动计时器，并使计时器每隔 1 秒钟触发一次 Timer 事件，请将程序补充完整。

```
Private Sub Form_Load()
____
End Sub
```

（A）Timer1.Interval=1000　　　　　（B）Timer1.Interval=1
（C）Timer1.Enabled=1000　　　　　（D）Timer1.Enabled=1

16）设窗体中包含 1 个命令按钮 Command1，1 个列表框 List1，并有以下的事件过程。程序运行后，单击 Command1 按钮，列表框中显示的内容是_____。

```
Private Sub Command1_Click()
    Dim i As integer
    For i = 10 to 1 step – 1.5
        List1.AddItem i
    Next i
End Sub
```

（A）10、8、6、4、2　　　　　　（B）10、9、7、5、3
（C）10、8.5、7、5.5、4、2.5　　（D）8.5、7、5.5、4、2.5、1

17）执行了下面的程序后，列表框中的数据项为_____。

```
Sub Form_Click()
        For i=1 To 6
            List1.Additem I
        Next i
```

```
            For i=1 To 3
                List1.RemoveItem I
            Next i
        End Sub
```

　（A）1、5、6　　　　（B）2、4、6　　　　（C）4、5、6　　　　（D）1、3、5

18）下列各项中，Visual Basic 不能接收的图形文件是_____。

　（A）ICO 文件　　　（B）JPG 文件　　　（C）PSD 文件　　　（D）BMP 文件

19）在窗体上添加一个水平滚动条，名称为 HScroll1；再添加一个文本框，名称为 Text1。要想使用滚动条滑块的变化来调整文本框中文字的大小，则可使用的语句是_____。

　（A）Text1.FontName=HScroll1.Max　　　　（B）Text1.FontSize=HScroll1.Min

　（C）Text1.FontSize=HScroll1.Value　　　　（D）Text1.FontBold=HScroll1.Value

20）Cls 方法可以清除窗体或图片框中的信息是包括_____。

　（A）Picture 属性设置的背景图案　　　　（B）在设计时放置的控件

　（C）程序运行时产生的图形和文字　　　　（D）以上都对

21）在窗体上有一个组合框 Combo1，并将 Program_1、Program_2、Program_3、和 Program_4 放到组合框中，窗体加载时的代码如下：

```
Private Sub Form_Load()
Combo1.AddItem "Program_1"
Combo1.AddItem "Program_2"
Combo1.AddItem "Program_3"
Combo1.AddItem "Program_4"
End Sub
```

要在文本框 Text1 中显示列表中第三个项目的正确语句是_____。

　（A）Text1.Text =combo1.List (0)　　　　（B）Text1.Text =combo1.List (1)

　（C）Text1.Text =combo1.List (2)　　　　（D）Text1.Text =combo1.List (3)

22）在窗体上添加一个列表框和一个命令按钮，并编写如下代码：

```
Private Sub Command1_Click()
Dim entry, msg
msg = "choose Ok to add 10 items to listbox"
MsgBox msg
For i = 1 To 10
    entry = "entry" & i
    List1.AddItem entry
    Next i
End Sub
```

程序完成的功能是_____。

　（A）使用 AddItem 方法给一个列表框增加 10 项

　（B）使用 AddItem 方法给一个列表框添加的内容是 1～10 的乘积

　（C）使用 AddItem 方法给一个列表框添加的内容是 1～10 的和

（D）使用 AddItem 方法给一个列表框增加 11 项

23）在窗体上放置 4 个命令按钮，组成一个名为 CheckCommand 的控件数组，用于标识各个控件数组元素的参数是_____。

（A）Tag　　　　（B）Index　　　　（C）ListIndex　　　　（D）Name

24）若使用复制和粘贴的方法建立一个命令按钮数组 Command1，则以下对该数组的说法中，错误的是_____。

（A）刚建立数组中的每个控件时，它们的 Caption 属性都相同

（B）刚建立数组中的每个控件时，它们的大小是完全相等的

（C）只需使用命令按钮数组名 Command1，就可以在代码中访问任何命令按钮

（D）命令按钮共享同样的事件过程

2．填空题

1）如果希望图片框中的图片每 2 秒钟改变一次，应设置定时器控件的 Interval 属性为_____，并在_____事件过程中重新设置图片框的_____属性。

2）图像框（Image）的 Stretch 属性设置为_____时，图像框可以自动改变大小以适应其中的图形。图形框（PictureBox）的 Autosize 属性设置为_____时，图形框不能自动改变大小适应其中的图形。

3）时钟控件（Timer）的_____属性设置为 1000 时，每隔 1 秒钟产生一次 Timer 事件。

4）_____属性设置为 1，单选按钮和复选框的标题显示在左边。

5）单选按钮和复选框都能接收_____事件。当用户选择单选按钮或复选框时，会自动改变状态。

6）在程序运行时，如果将框架的_____属性设为 False，则框架的标题呈灰色，表示框架内的所有对象均被屏蔽，不允许用户对其进行操作。

7）组合框的 style 属性值为 0 时，它是_____组合框。

8）列表框中项目的序号是从_____开始的。

9）列表框中的_____和_____属性是数组。

10）滚动条响应的重要事件有_____和_____。

11）当用户单击滚动条的空白处时，滑动块移动的增量值是由_____属性决定的。

12）Visual Basic 中有一种控件组合了文本框和列表框的特性，这种控件是_____。

13）在窗体上添加一个名称为 Label1 的标签和一个名称为 List1 的列表框。程序运行后，在列表框中添加若干列表项。当双击列表框中的某个项目时，在标签 Label1 中显示所选中的项目文本，并在窗体中显示所选项目的序号，请将程序补充完整。

```
Private Sub Form_Load()
    List 1.AddItem"数学"
    List 1.AddItem "物理"
    List 1.AddItem "Visual Basic 程序设计"
    List1 .AddItem "外语"
End Sub
Private Sub_____()
    Print List1._____'显示列表项序号
    Label1.Caption=_____'显示列表项文本
```

End Sub

14) 在窗体上添加两个标签, 名称分别为 Label1 和 Label2, Caption 属性分别为 "数值" 及空白; 然后添加一个名称为 Hscroll1 的水平滚动条, 其 Min 的值为 0, Max 的值为 100。程序运行后, 如果单击滚动条两端的箭头, 则在标签 Label2 中显示滚动条的值, 请将程序补充完整。

```
Private Sub Hscroll1_____()
    Label2 .Caption= Hscroll1._____
End Sub
```

15) 通过 Shape 控件的_____属性可以绘制多种形状的图形。

16) 引用列表框 (List1) 最后一个数据项应使用的表达式是_____。

17) 在窗体上添加一个图片框控件 (Name 属性为 Picture1), 要在运行时将位于 C 盘根目录下名称为 example1.jpg 的图形文件装入图片框中, 所用的语句是_____。

18) Visual Basic 环境中提供列表框控件, 当列表框中的项目较多并超过列表框的长度时, 系统会自动在列表框边上加一个_____。

19) 控件数组的名字由_____属性指定, 而数组中的每个元素由_____属性指定。

3. 判断题

1) 框架、列表框、复选框都有 Caption 属性。

2) 复选框被选择时, Value 属性值是 0。

3) 设置字体为粗体的属性是 FontBold。

4) 通过在程序中正确地设置, 可以在程序运行期间让定时器显示在窗体上。

5) 当列表框的 MultiSelect 属性设置为 1 或 2 时, 列表框可以进行多项选择。

6) 框架可以响应 Click 和 DblClick 事件。

7) 图形框中可以通过 Stretch 属性来改变控件和所装载图像的位置关系。

8) 当滚动条的 Value 属性发生改变时, 就会触发 Change 事件。

五、答案

1. 选择题

1) B　　2) C　　3) D　　4) B　　5) D　　6) D　　7) D　　8) C　　9) A

10) D　　11) A　　2) D　　13) B　　14) C　　15) A　　16) D　　17) D　　18) C

19) C　　20) C　　21) C　　22) A　　23) B　　24) C

2. 填空题

1) 2000、Timer、Picture

2) False、False

3) Interval

4) Alignment

5) Click

6) Enabled

7）下拉式

8）0

9）List、Selected

10）Scroll/Change、Change/Scroll

11）LargeChange

12）组合框

13）List1_DblClick、ListIndex、List1.Text

14）Change、Value

15）Shape

16）List1.List (List1.ListCount − 1)

17）Picture1.Picture = LoadPicture("c:\example1.jpg")

18）滚动条

19）Name、Index

3．判断题

1）F　2）F　3）T　4）F　5）T　6）T　7）F　8）T

六、实验参考程序

1）实验1）参考代码如下。

```
Private Sub Command1_Click()   ' 清除
    Text1.Text = ""
    Text2.Text = ""
    Text3.Text = ""
    If Option1.Value = True Then Option1.Value = False
    If Option2.Value = True Then Option2.Value = False
    If Option3.Value = True Then Option3.Value = False
    If Option4.Value = True Then Option4.Value = False
    If Option5.Value = True Then Option5.Value = False
    If Option6.Value = True Then Option6.Value = False
End Sub
Private Sub Command2_Click()   ' 退出
    End
End Sub
Private Sub Option1_Click()   ' 加法
    If Not IsNumeric(Text1.Text) Or Not IsNumeric(Text2.Text) Then
        MsgBox "输入数据必须为数字", , "警告"
        Option1.Value = False
    Else: Text3.Text = Val(Text1.Text) + Val(Text2.Text)
    End If
End Sub
```

```
    Private Sub Option2_Click()  ' 减法
        If Not IsNumeric(Text1.Text) Or Not IsNumeric(Text2.Text) Then
        MsgBox "输入数据必须为数字", , "警告"
        Option2.Value = False
        Else: Text3.Text = Val(Text1.Text) - Val(Text2.Text)
        End If
    End Sub
    Private Sub Option3_Click()  ' 乘法
        If Not IsNumeric(Text1.Text) Or Not IsNumeric(Text2.Text) Then
        MsgBox "输入数据必须为数字", , "警告"
        Option3.Value = False
        Else: Text3.Text = Val(Text1.Text) * Val(Text2.Text)
        End If
    End Sub
    Private Sub Option4_Click()  ' 除法
        If Not IsNumeric(Text1.Text) Or Not IsNumeric(Text2.Text) Then
        MsgBox "输入数据必须为数字", , "警告"
        Option4.Value = False
        Else: Text3.Text = Val(Text1.Text) / Val(Text2.Text)
        End If
    End Sub
    Private Sub Option5_Click()  ' 整除
        If Not IsNumeric(Text1.Text) Or Not IsNumeric(Text2.Text) Then
        MsgBox "输入数据必须为数字", , "警告"
        Option5.Value = False
        Else: Text3.Text = Val(Text1.Text) \ Val(Text2.Text)
        End If
    End Sub
    Private Sub Option6_Click()  ' 取余
        If Not IsNumeric(Text1.Text) Or Not IsNumeric(Text2.Text) Then
        MsgBox "输入数据必须为数字", , "警告"
        Option6.Value = False
        Else: Text3.Text = Val(Text1.Text) Mod Val(Text2.Text)
        End If
    End Sub
```

2）实验2）参考代码如下。

```
    Private Sub Command1_Click()  ' 点菜按钮
    If Command1.Caption = "提交" Then
     If MsgBox("菜点好了吗？ ", 1, "点菜程序") = vbOK Then
      If Check1.Value = 1 Then
      Label1.Caption = Label1.Caption + Check1.Caption + " "
      End If
      If Check2.Value = 1 Then
```

```
            Label1.Caption = Label1.Caption + Check2.Caption + " "
        End If
        If Check3.Value = 1 Then
            Label1.Caption = Label1.Caption + Check3.Caption + " "
        End If
        If Check4.Value = 1 Then
            Label1.Caption = Label1.Caption + Check4.Caption + " "
        End If
        If Check5.Value = 1 Then
            Label1.Caption = Label1.Caption + Check5.Caption + " "
        End If
        If Check6.Value = 1 Then
            Label1.Caption = Label1.Caption + Check6.Caption + " "
        End If
    End If
    Command1.Caption = "重新点菜"
    Frame1.Enabled = False
Else
    Command1.Caption = "提交"
    Frame1.Enabled = True
    If Check1.Value = 1 Then
        Check1.Value = 0
    End If
    If Check2.Value = 1 Then
        Check2.Value = 0
    End If
    If Check3.Value = 1 Then
        Check3.Value = 0
    End If
    If Check4.Value = 1 Then
        Check4.Value = 0
    End If
    If Check5.Value = 1 Then
        Check5.Value = 0
    End If
    If Check6.Value = 1 Then
        Check6.Value = 0
    End If
    Label1.Caption = "你的菜单是："
End If
End Sub
```

3）实验 3）参考代码如下。

```
Private Sub Command1_Click()    ' 确定按钮
    Text1.FontName = List1.Text
    Text1.FontSize = List2.Text
```

```
            If Combo1.Text = "红色" Then
                Text1.ForeColor = &HFF&
            End If
            If Combo1.Text = "绿色" Then
                Text1.ForeColor = &HFF00&
            End If
            If Combo1.Text = "蓝色" Then
                Text1.ForeColor = &HFFFF00
            End If
        End Sub
        Private Sub Form_Load()    ' 初始加载数据
            For i = 10 To 30 Step 2
                List2.AddItem i
            Next i
            Combo1.List(0) = "红色"
            Combo1.List(1) = "绿色"
            Combo1.List(2) = "蓝色"
        End Sub
```

4）实验 4）参考代码如下。

```
        Private Sub Command1_Click()    ' 显示按钮
        Dim year As Integer
        Dim temp As Integer
        If Combo1.Text <> "" Then
        year = Val(Combo1.Text)
        End If
        temp = year Mod 12
        Select Case temp
            Case 0
            Label2.Caption = "猴"
            Case 1
            Label2.Caption = "鸡"
            Case 2
            Label2.Caption = "狗"
            Case 3
            Label2.Caption = "猪"
            Case 4
            Label2.Caption = "鼠"
            Case 5
            Label2.Caption = "牛"
            Case 6
            Label2.Caption = "虎"
            Case 7
            Label2.Caption = "兔"
            Case 8
            Label2.Caption = "龙"
```

```
              Case 9
                 Label2.Caption = "蛇"
              Case 10
                 Label2.Caption = "马"
              Case 11
                 Label2.Caption = "羊"
              End Select
          End Sub
          Private Sub Form_Load()    ' 初始加载数据
          Dim i As Integer
          For i = 1900 To 2100
          Combo1.AddItem i
          Next i
          Combo1.Text = Combo1.List(0)
          End Sub
```

5）实验 5）参考代码如下。

```
          Private Sub HScroll1_Change()    ' 显示数据的变化
          Dim i As Integer, s As Double
          s = 1
          n = HScroll1.Value
          If n <> 0 Then
          For i = 1 To n
          s = s * i
          Next i
          End If
          Label2.Caption = n & "!=" & s
          End Sub
```

6）实验 6）参考代码如下。

```
          Private Sub Command1_Click()    ' 清除
          Text1.Text = ""
          Text2.Text = ""
          Text3.Text = ""
          If Option1(0).Value = True Then Option1(0).Value = False
          If Option1(1).Value = True Then Option1(1).Value = False
          If Option1(2).Value = True Then Option1(2).Value = False
          If Option1(3).Value = True Then Option1(3).Value = False
          If Option1(4).Value = True Then Option1(4).Value = False
          If Option1(5).Value = True Then Option1(5).Value = False
          End Sub
          Private Sub Command2_Click()    ' 退出
          End
          End Sub
```

```
Private Sub Option1_Click(Index As Integer)       ' 判断操作类型
If Not IsNumeric(Text1.Text) Or Not IsNumeric(Text2.Text) Then
MsgBox "输入数据必须为数字", , "警告"
Select Case Index
        Case 0
        Option1(0).Value = False
        Case 1
        Option1(1).Value = False
        Case 2
        Option1(2).Value = False
        Case 3
        Option1(3).Value = False
        Case 4
        Option1(4).Value = False
        Case 5
        Option1(5).Value = False
        End Select
Else: Select Case Index
        Case 0
        Text3.Text = Val(Text1.Text) + Val(Text2.Text)
        Case 1
        Text3.Text = Val(Text1.Text) − Val(Text2.Text)
        Case 2
        Text3.Text = Val(Text1.Text) * Val(Text2.Text)
        Case 3
        Text3.Text = Val(Text1.Text) / Val(Text2.Text)
        Case 4
        Text3.Text = Val(Text1.Text) \ Val(Text2.Text)
        Case 5
        Text3.Text = Val(Text1.Text) Mod Val(Text2.Text)
        End Select
End If
End Sub
```

第8章 数据文件

一、知识要点

1. 文件的概念

在计算机系统中，文件是存储数据的基本单位，任何对数据的访问都是通过文件进行的。所谓文件，是指在外存储器（如磁盘）上存储的用文件名标识的一组相关数据的集合。

2. 文件的类型

在 Visual Basic 中，根据系统对文件的访问方式，可以将文件分为 3 种类型：顺序文件、随机文件和二进制文件。用户可以使用不同的方式来访问不同类型的文件。

（1）顺序文件

顺序文件其实就是普通的 ASCII 码文本文件。顺序文件要求按照顺序进行读写。在顺序文件中，记录之间的分界符号通常是回车符。通常一行就是一条记录，各条记录的长度不相同。顺序文件的优点是结构简单，适合处理文本文件；缺点是必须按照顺序访问，因此不能同时进行读、写两种操作。

（2）随机文件

随机文件中的所有记录长度都必须相同，记录之间不需要特殊的分隔符号。可以根据用户给出的记录号直接访问特定记录。与顺序文件比较，其优点是读写速度快、更新简便。

（3）二进制文件

二进制文件用于存储二进制数据，以字节为单位存储和访问数据。二进制文件能用于存储任何需要的数据。在二进制文件中，能够存取任意需要的字节，这种存取方式最为灵活，但程序的工作量也最大。

3. 文件的处理过程

一般来说，在程序中处理文件，要经过 3 个步骤：首先打开文件，然后对文件进行读/写操作，最后关闭文件。

（1）文件的打开

要在程序中处理文件，首先要打开文件。打开文件时，系统会为文件在内存中开辟一个专门的数据存储区域，称为文件缓冲区。每个文件缓冲区都有一个编号，称为文件号。文件号代表在该缓冲区中打开的文件，对文件进行的所有操作都要通过文件号进行。文件号由程序员在程序中指定，也可以使用 Visual Basic 提供的函数 FreeFile（）函数自动获得下一个可以利用的文件号。

（2）文件的读/写操作

对于已在内存缓冲区中打开的文件，可以进行读/写操作。读操作是指将外存文件中的数据读入到内存变量中，供程序使用；写操作是指将内存变量中的数据写入到外存文件中。

对文件的读/写操作都是通过文件缓冲区进行的。从文件读数据时，先将数据送到文件缓冲区中，然后再提交给变量；将数据写入文件时，先将数据写入文件缓冲区暂存，待缓冲区已满或文件被关闭时，再一次性输出到文件。

（3）文件的关闭

文件处理结束后，一定要关闭文件，因为可能有部分数据仍然在文件缓冲区中，不关闭文件会有数据丢失的情况发生。

4．顺序文件的基本操作

（1）顺序文件的打开

在对文件进行操作之前，必须首先打开文件，同时通知操作系统对文件进行的操作是读出数据还是写入数据。打开顺序文件使用 Open 语句。打开顺序文件的格式如下：

　　　　Open <文件名> For <模式> As [#]<文件号>

其中，文件名可以是字符串常量，也可以是字符串变量。模式可以是下列之一。

Output：对文件进行写操作。若文件不存在，则在外存创建一个新的顺序文件；若文件已经存在，则文件中所有内容将被清除。

Input：对文件进行读操作。用该模式打开的文件必须存在，否则将出现错误。

Append：在文件末尾追加记录。

<文件号>：文件号是一个 1～511 之间的整数，代表文件在内存使用中的缓冲区。

（2）顺序文件的关闭

结束各种读写操作后，必须关闭文件，否则会丢失数据。关闭文件使用 Close 语句。格式如下。

　　　　Close [#<文件号 1>][#<文件号 2>]…

其中，文件号是指利用 Open 语句打开文件时指定的文件号。

此语句可以同时关闭多个已打开的文件，用逗号分隔文件号。

若省略文件号，表示关闭所有已经打开的文件。

（3）顺序文件的写操作

以 Output 和 Append 两种方式打开的文件可以进行写操作。将数据写入顺序文件可以使用 Write #语句或 Print #语句。

①Write #语句

Write #语句的语法格式如下：

　　　　Write #<文件号>, [输出列表]

输出列表项可以是常量、变量或表达式，输出列表项的数量大于一个时，各项之间用逗号分隔。

Write #语句可以将各个输出项按列表顺序写入文件，并在各项之间自动插入逗号，还可以为字符串加上双引号。当所有变量写完后，将在最后加一个回车换行符。不含输出列表的 Write #语句，将在文件中写入一个空行。

②Print #语句

Print #语句的语法格式如下：

      Print #<文件号>, [输出列表]

此语句的功能和 Print 语句类似，不同的是，该语句是将输出列表写入到文件中，而不是输出到窗体上。

（4）顺序文件的读操作

以 Input 方式打开的文件可以进行读操作，读顺序文件时常用 LOF 函数、EOF 函数、Input#语句和 Line Input#语句。

①LOF 函数：LOF 函数的调用格式如下。

      LOF（文件号）

其功能是返回文件的字节数。如果返回 0，则表示该文件是一个空文件。

②EOF 函数：EOF 函数的调用格式如下。

      EOF（文件号）

其功能是测试当前读写的位置，即是否到达文件的末尾，如果到达文件末尾返回 True，否则返回 False。

③Input#语句：Input#语句的语法格式如下。

      Input#<文件号>,<变量列表>

该语句的功能是将从文件中读出的数据分别赋给指定的变量，变量个数多于一个时，用逗号分隔。Input#语句一般与 Write#语句配套使用。Input#语句可以将顺序文件中的数据按照原来的数据类型读出来。

④Line Input#语句：Line Input#语句的语法格式如下。

      Line Input #<文件号>,<变量列表>

该语句的功能是从文件中读出一行数据并赋给指定的字符变量。与 Input#语句类似，只是 Input#语句读取的是数据项，而 Line Input#语句读取的是一行数据。

5．随机文件的基本操作

（1）随机文件的打开

打开随机文件也要使用 Open 语句，只是要使用 Random 模式打开。打开随机文件的格式如下：

      Open <文件名> For Random As #<文件号>[Len=记录长度]

其中，记录长度为各字段长度之和，以字节为单位。若省略"Len=记录长度"语句，则默认的记录长度为 128 字节。文件以随机方式打开后，可以同时进行读写操作，但需要指明记录的长度。

（2）随机文件的关闭

关闭随机文件可以使用 Close 语句，其语法格式如下：

Close [#<文件号 1>][#<文件号 2>]…

与关闭顺序文件类似，Close 语句可以关闭一个或多个已打开的随机文件，也可以关闭全部文件。

（3）随机文件的读操作

随机文件的读操作使用 Get 语句，其语法格式如下：

Get[#]<文件号>,[记录号],<变量名>

该语句是从随机文件中将一条由记录号指定的记录内容读入记录变量中。记录号是大于 1 的整数。如果记录号缺省，则表示对当前记录的下一条记录进行操作。

（4）随机文件的写操作

随机文件的写操作使用 Put 语句，其语法格式如下：

Put[#]<文件号>,[记录号],<变量名>

该语句是将一个记录变量的内容，写入所打开的随机文件中指定的记录位置处。记录号是大于 1 的整数。如果记录号缺省，则表示在当前记录后写入一条记录。

6．二进制文件的操作

（1）二进制文件的打开

打开二进制文件也要使用 Open 语句，要使用 Binary 模式打开。打开二进制文件的格式如下：

Open <文件名> For Binary As #<文件号>

（2）二进制文件的关闭

关闭二进制文件也要使用 Close 语句，其语法格式如下：

Close [#<文件号 1>][#<文件号 2>]…

与关闭其他文件类似，Close 语句可以关闭一个或多个已打开的二进制文件，也可以关闭全部文件。

（3）二进制文件的读操作

二进制文件的读操作使用 Get 语句，其语法格式如下：

Get[#]<文件号>,[字节数],<变量名>

该语句是从字节数指定的字节位置开始的 Len(变量名)个字节数据读入变量。若字节数缺省，则从上次读写的位置加 1 字节位置处开始读数据。

（4）二进制文件的写操作

二进制文件的写操作使用 Put 语句，其语法格式如下：

Put[#]<文件号>,[字节数],<变量名>

该语句是将变量内容写入所打开的二进制文件中指定的字节位置处。若字节数缺省，则将数据写入到上次读写的位置加 1 字节位置处。

7. 常用文件处理语句和函数

（1）FileCopy 语句

格式：FileCopy <源文件名>,<目标文件名>

功能：复制文件。

其中，<源文件名>和<目标文件名>可以包含目录及驱动器。

（2）Kill 语句

格式：Kill <文件名>

功能：删除文件。

其中，<文件名>可以包含目录及驱动器。

Kill 语句支持通配符*（代表一个字符）和?（代表多个字符），在使用时应慎重，以免误删了重要文件。

（3）Name 语句

格式：Name <旧路径名或文件名> As <新路径名或文件名>

功能：重新命名一个文件或目录，并可以将其移动到其他目录或驱动器中。

（4）ChDrive 语句

格式：ChDrive <驱动器名>

功能：改变当前驱动器。

（5）MkDir 语句

格式：MkDir <路径名>

功能：创建一个新的目录。

（6）ChDir 语句

格式：ChDir <路径名>

功能：改变当前目录，但不会改变当前驱动器。

（7）RmDir 语句

格式：RmDir <路径名>

功能：删除一个存在的目录。如果使用该语句删除一个含有文件的目录，则会发生错误。所以在删除含有文件的目录之前，必须先用 Kill 语句删除此目录下的所有文件。

（8）CurDir 函数

格式：CurDir[(驱动器名)]

功能：返回任何一个驱动器的当前路径。如果没有指定驱动器名或其值为零长度的字符串，则返回当前驱动器的工作路径。

8. 文件系统控件

在 Visual Basic 中，提供了 3 个有关文件处理的专用控件：驱动器列表框控件（DriveListBox）、目录列表框控件（DirListBox）和文件列表框控件（FileListBox）。

（1）驱动器列表框控件（DriveListBox）

驱动器列表框控件（DriveListBox）是一个下拉列表框，其中列出了系统中的有效驱动器名称，包括网络共享驱动器。在程序运行时，用户可以输入有效的驱动器名称，也可以在控件的下拉列表中进行选择，系统默认的驱动器为当前驱动器。

驱动器列表控件有以下一些常用属性。

Drive 属性：返回或设置磁盘驱动器的名称。该属性只能在程序运行时被设置或访问。用户可以通过给该属性赋一个字母或字符串来设置驱动器。当用字符串设置时，只有第一个字母才有意义。当被设置后，驱动器盘符出现在列表框的顶部。

驱动器列表控件有以下一些常用事件。

Change 事件：当选择一个新的驱动器或通过代码改变 Drive 属性的设置时触发该事件。

Click 事件：当用户单击驱动器列表框时触发该事件。

（2）目录列表框控件（DirListBox）

目录列表框控件（DirListBox）可以显示当前驱动器上的目录结构，它以根目录开头，其下的子目录按层次依次显示在列表框中。

目录列表框控件有以下一些常用属性。

Path 属性：设置或返回系统当前工作目录的完整路径（包括驱动器盘符）。在程序运行时，当双击目录列表框中的某个目录时，系统会将这个目录的路径赋给 Path 属性。也可以通过代码设置 Path 属性。

目录列表框控件有以下一些常用事件。

Change 事件：当 Path 属性的值被改变时触发该事件。

Click 事件：当用户单击目录列表框时触发该事件。

（3）文件列表框控件（FileListBox）

文件列表框控件（FileListBox）可以显示指定目录下所有指定类型的文件，并可选定其中的一个或多个文件。

文件列表框控件有以下一些常用属性。

Path 属性：该属性为字符串数据类型，用来指定文件列表框中所显示文件所在的目录或文件夹的路径名称。

FileName 属性：设置或返回所选文件的路径和文件名。当在程序中设置 FileName 属性时，可以使用完整的文件名，也可以使用不带路径的文件名。当读取该属性时，则返回当前从列表框中选择的不含路径的文件名。空值表示没有选定文件。

Pattern 属性：设置或返回要显示的文件类型，即按该属性的设置对文件进行过滤，显示满足条件的文件。其值是一个带通配符的文件名字符串，代表要显示的文件类型。默认值为*.*，如果过滤的类型不止一种，可以用分号分隔。例如：

    File1. Pattern="*.COM ; *.EXE"   '只显示以.COM 和.EXE 为后缀的文件

文件列表框控件有以下一些常用事件。

PathChange 事件：当文件列表框对应的 Path 属性值发生改变时，触发该事件。

Click 事件：当用户单击文件列表框时触发该事件。

二、常见错误和疑难分析

1）因文件名书写形式错误而导致文件打开失败。用 Open 语句打开文件的语法格式如下：

    Open <文件名> For <模式> As [#]<文件号>

其中的文件名可以是字符串常量，也可以是字符串变量。若使用字符串常量，则文件名必须用双引号括起来。也可以将文件名先赋值给一个字符串变量，在 Open 语句中使用字符串变量做文件名时，不必使用双引号。

例如，若要将磁盘上的文件"D:\MyDir\MyFile.txt"打开，并向其中写入数据，则使用的语句如下。

```
Open "D:\MyDir\MyFile.txt" For Output As #1
```

也可以使用下面的语句。

```
Dim FileName As String
FileName="D:\MyDir\MyFile.txt"
Open FileName For Output As #1
```

而下面两条语句是错误的。

```
Open D:\MyDir\MyFile.txt For Output As #1
Open "FileName " For Output As #1
```

2）对已打开的文件执行打开操作，显示"文件已打开"的出错信息。例如，有下列程序段。

```
Private Sub Form_Click()
    Dim MyStr As String
    Open "D:MyFile.txt" For Output As #1
    Print #1, "Visual Basic"
    Open "D:MyFile.txt" For Input As #1
    Input #1, MyStr
    Print MyStr
    Close
End Sub
```

文件操作的一般步骤为打开、读或写、关闭。每次打开文件，只能进行读操作或写操作，之后关闭文件。上例中，首先以 Output 方式打开文件并进行写操作，在未使用 Close 语句关闭文件的情况下，试图以 Input 方式打开文件执行读操作。程序执行时，会产生实时错误，弹出如图 8-1 所示的提示框，提示"文件已打开"实时错误。

图 8-1 "文件已打开"实时错误提示框

3）不使用 Close 语句关闭文件会造成数据丢失。在程序中打开文件时，系统会为文件在内存中开辟一个专门的数据存储区域，称为文件缓冲区。

三、实验

1. 实验目的

1）掌握数据文件的概念及其使用方法，注意各种数据文件的特点和区别。

2）掌握各种数据文件的打开、关闭和读/写操作。

3）掌握文件控件的使用方法。

4）学会在应用程序中使用数据文件和文件系统控件。

2. 实验内容

1）Print 与 Write 语句输出数据结果比较。在 D 盘根目录下建立文本文件 MyFile.txt，分别用 Print 与 Write 语句输出数据，用记事本打开文件，比较两种语句的输出格式有什么不同。

2）随机生成 10 个 100～999 之间的正整数，写入文件 Myfile.dat，然后从该文件中将数据读取出来并计算 10 个数的累加和与平均数，最后在列表框中显示。

3）建立职工信息管理系统，包括职工姓名、工号、出生日期、家庭住址和所在部门等信息。用户可以通过文本框输入信息，然后保存文件，通过单击"读取"按钮读取文件中的内容。设计界面如图 8-2 所示。

4）在文件 D:\Myfile.dat 中，从位置 100 开始写入 20 个随机大写英文字母。

要求：将文件按二进制方式处理。

5）利用文件系统控件和文本框控件设计一个文本文件浏览器，程序界面如图 8-3 所示。

要求：在文件列表框控件中仅显示当前目录中的文本文件名，当单击某文本文件时，在文本框中显示文本文件的内容。

图 8-2　实验 3）程序界面

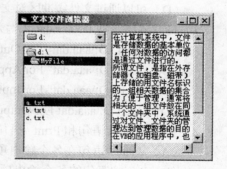

图 8-3　实验 5）程序界面

四、测试题

1. 选择题

1）在 Visual Basic 中，根据系统对文件的访问方式，可以将文件分为_____。

　（A）顺序文件、随机文件和二进制文件　　（B）程序文件和数据文件

　（C）ASCII 码文件和二进制文件　　　　　（D）磁盘文件和打印文件

2）以下关于顺序文件的说法中，错误的是_____。

（A）顺序文件其实就是普通的 ASCII 码文本文件，可以用记事本打开

（B）在顺序文件中，记录之间的分界符号通常是回车符

（C）在顺序文件中，一行可以存储多条记录，一条记录也可以分几行存储

（D）顺序文件要求按照顺序进行读写

3）以下关于随机文件的说法中，错误的是_____。

（A）随机文件中的所有记录长度都必须相同

（B）记录之间需要特定的分隔符号分隔

（C）可以根据用户给出的记录号直接访问特定记录

（D）文件中每条记录有唯一的记录号

4）以下关于二进制文件的说法中，错误的是_____。

（A）二进制文件用于存储二进制数据

（B）二进制文件要求以记录为单位存储和访问数据

（C）二进制文件用于存储任何需要的数据

（D）在二进制文件中，能够存取任意需要的字节

5）文件号的取值范围为_____。

（A）1～511　　（B）1～512　　　　（C）1～1023　　　　（D）1～1024

6）以下关于文件读/写操作的说法中，错误的是_____。

（A）读/写文件之前，必须先打开文件

（B）从文件读数据时，先将数据送到文件缓冲区中，然后再提交给变量

（C）将数据写入文件时，先将数据写入文件缓冲区暂存，待缓冲区已满或文件被关闭时，再一次性输出到文件

（D）可以通过文件缓冲区对文件进行读/写操作，也可以直接对外存中的文件进行读/写

7）打开顺序文件 D:\aaa.dat 供写入数据，文件号为 1，应使用语句_____。

（A）Open "D:\aaa.dat" For Output　　As #1

（B）Open "D:\aaa.dat" For Append　　As #1

（C）Open "D:\aaa.dat" For Input　　As #1

（D）Open D:\aaa.dat For Output　　As #1

8）使用 Write #语句和 Print #语句向文件中写入多个数据的差别在于_____。

（A）Write #语句在各个输出项之间自动插入逗号

（B）Print #语句的各个输出项之间没有逗号

（C）Write #语句将字符串加上双引号

（D）Print #语句将字符串加上单引号

9）以下打开顺序文件的语句中，正确的是_____。

（A）str1 = "D:\a.dat":Open str1 For Output As #1

（B）Open D:\a.dat For Output　　As #1

（C）Open "D:\a.dat" For Output

（D）Open "D:\a.dat" For Output　　As FreeFile( )

10）能够判断是否达到文件末尾的函数是_____。

（A）BOF　　　　（B）LOC　　　　（C）LOF　　　　（D）EOF

11）能够返回文件字节数的函数是_____。

（A）BOF　　　（B）LOC　　　（C）LOF　　　（D）EOF

12）使用驱动器列表框控件的_____属性，可以返回或设置磁盘驱动器的名称。

（A）Drive　　（B）ChDrive　　（C）List　　　（D）ListIndex

13）使用目录列表框控件的_____属性，可以设置或返回系统当前工作目录的完整路径（包括驱动器盘符）。

（A）Dir　　　（B）Path　　　（C）List　　　（D）ListIndex

14）使用文件列表框控件的_____属性，可以指定文件列表框中显示文件所在的目录或文件夹的路径名称。

（A）Path　　（B）FileName　（C）Pattern　　（D）ListIndex

15）使用文件列表框控件的_____属性，可以设置或返回所选文件的路径和文件名。

（A）Path　　（B）FileName　（C）Pattern　　（D）ListIndex

16）使用文件列表框控件的_____属性，可以设置或返回要显示的文件类型。

（A）Path　　（B）FileName　（C）Pattern　　（D）ListIndex

17）在驱动器列表框中选择一个新的驱动器或通过代码改变 Drive 属性的设置时，将会触发_____事件。

（A）Change　　　（B）Scroll　　　（C）KeyDown　　　（D）Click

18）当目录列表框控件的 Path 属性值改变即当前目录改变时，将会触发_____事件。

（A）Change　　　（B）Scroll　　　（C）KeyDown　　　（D）Click

19）当文件列表框对应的 Path 属性值发生改变时，将会触发_____事件。

（A）Change　　　（B）Scroll　　　（C）KeyDown　　　（D）PathChange

20）假设窗体上有驱动器列表框控件（名称为 Drive1），目录列表框控件（名称为 Dir1）和文件列表框控件（名称为 File1），当改变 Dir1 的内容时，要求在 File1 中显示当前所选文件夹中的内容，则在 Dir1_ Change 事件中编写的语句为_____。

（A）Drive1. Drive= Dir1. Path　　（B）Dir1. Path= Drive1. Drive

（C）Dir1. Path= File1. Path　　　（D）File1. Path= Dir1. Path

21）Open 语句中以 Append 方式打开一个顺序文件，进行写操作，则被打开的_____。

（A）必须是一个已存在的文件　　（B）必须是一个空文件

（C）文件的存在与否无关紧要　　（D）必须是一个不存在的文件

22）对一个磁盘上的随机文件进行读操作，打开方式为_____。

（A）Random　　　（B）Output　　　（C）Append　　　（D）Input

23）改变当前驱动器 Drive1 时，使与目录列表框 Dir1 同步变化的命令应放在_____事件过程中。

（A）Drive1_Change　（B）Drive1_Click　（C）Dir1_Click　（D）Dir1_Change

24）如果从数据文件 INPUT.DAT 中读取数据时，以下打开文件方式中，正确的是_____。

（A）OPEN INPUT.DAT FOR INPUT AS #1

（B）OPEN INPUT.DAT FOR OUTPUT AS #1

（C）OPEN "INPUT.DAT" FOR INPUT AS #1

（D）OPEN "I", #1 INPUT.DAT

25）如果在 C 盘当前文件夹中已存在名称为 StuData.dat 的顺序文件，那么执行语句 Open "C:StuData.dat" For Append As#1 之后将_____。

（A）删除文件中原有内容

（B）保留文件中原有内容，可在文件尾添加新内容

（C）保留文件中原有内容，在文件头开始添加新内容

（D）以上均不对

26）若要新建一个磁盘上的顺序文件，可用_____方式打开文件。

（A）Append （B）Output （C）Input （D）Random

27）使用_____模式打开文件，既可以读文件也可以写文件。

（A）Output （B）Input （C）Append （D）Random

28）文件列表框中用于设置或返回所选文件的路径和文件名的属性是_____。

（A）File （B）FilePath （C）Path （D）FileName

29）下面叙述中不正确的是_____。

（A）对顺序文件中的数据操作只能按一定的顺序进行

（B）顺序文件结构简单

（C）能同时对顺序文件进行读写操作

（D）顺序文件的数据是以字符（ASCII 码）的形式存储的

30）下面叙述中不正确的是_____。

（A）随机文件中记录的长度不是固定不变的

（B）随机文件由若干条记录组成，并按记录号引用各个记录

（C）可以按任意顺序访问随机文件中的数据

（D）可以同时对打开的随机文件进行读写操作

31）下面叙述中不正确的是_____。

（A）若使用 Write # 语句将数据输出到文件，则各数据项之间自动插入逗号，并且将字符串加上双引号

（B）若使用 Print # 语句将数据输出到文件，则各数据项之间没有逗号分隔，且字符串不加双引号

（C）Write # 语句和 Print # 语句建立的顺序文件格式完全一样

（D）Write # 语句和 Print # 语句均可以向文件中写入数据

32）要从磁盘上读入一个文件名称为 d:\File.txt 的顺序文件，下面程序段正确的是_____。

（A）Open d:\File.txt For Input As # 1

（B）Open "d:\File.txt" For Output As # 2

（C）Open "d:\File.txt" For Input As # 2

（D）Open "d:\File.txt" For Append As # 1

33）要在 C 盘当前文件夹中建立一个名称为 StuData.dat 的顺序文件，应先使用_____语句。

（A）Open "StuData.dat" For Output As#2

（B）Open "C: StuData.dat" For Input As#2

（C）Open "C: StuData.dat" For Output As#2

（D）Open "StuData.dat" For Input As#2

34）从顺序文件中读取数据时，通常用函数_____来测试是否已经读到了文件末尾。

（A）LOC　　　　　（B）LOF　　　　　（C）BOF　　　　　（D）EOF

35）在顺序文件中_____。

（A）每条记录的记录号按从小到大排序

（B）每条记录的长度按从小到大排序

（C）按记录某个关键数据项的排序顺序组织文件

（D）记录按写入的先后顺序存放，并按写入的先后顺序读出

36）在随机文件中_____。

（A）记录号是通过随机数产生的

（B）可以通过记录号随机读取记录

（C）记录的内容是随机产生的

（D）记录的长度是任意的

37）在文件列表框中实现文件的多重选择，应修改该控件的_____属性。

（A）Filename　　　（B）Pattem　　　（C）Path　　　　（D）MultiSelect

38）执行语句 Open "C: StuData.dat" For Input As#2 后，系统_____。

（A）将 C 盘当前文件夹中名称为 StuData.dat 的文件内容读入内存

（B）在 C 盘当前文件夹中建立名称为 StuData.dat 的顺序文件

（C）将内存数据存放在 C 盘当前文件夹中名称为 StuData.dat 的文件中

（D）将某个磁盘文件的内容写入 C 盘当前文件夹中名称为 StuData.dat 的文件中

2．填空题

1）按照数据文件存取方式的不同，文件可以分为 3 种不同的类型：顺序文件、_____和二进制文件。

2）将数据写入顺序文件，通常有 3 个步骤:打开、写入和_____。

3）根据数据性质，可将文件分为程序文件和_____文件。

4）文件的打开和关闭语句分别是_____和_____。

5）文件号最大可取的值为_____。

6）以_____方式打开的顺序文件，可以进行写操作，并且文件中原有内容将被清除；以_____方式打开的顺序文件，可以在文件末尾追加记录。写顺序文件时常用_____语句或_____语句。

7）以_____方式打开的顺序文件可以进行读操作，读顺序文件时常用_____语句或_____语句。

8）使用_____函数能够返回文件的字节数；使用_____函数能够测试当前读写的位置是否到达文件的末尾。

9）打开随机文件或二进制文件也都要使用 Open 语句。打开随机文件要使用_____模式；打开二进制文件要使用_____模式。

10）随机文件的读操作使用_____语句，写操作使用_____语句。

11）二进制文件的读操作使用_____语句，写操作使用_____语句。

12）从文件号为 1 的顺序文件中读出一行数据，将其存入字符变量 Data 中，应使用语句_____。

13）从文件号为 1 的随机文件中读出第 5 条记录，将其存放在记录变量 stu 中，应使用语句_____。

14）从文件号为 1 的二进制文件中第 10 个字节处开始读出 1 个字节，将其存入字节型变量 Char 中，应使用语句_____。

15）在文件列表框中设定文件列表中显示的文件类型，应修改该控件的_____属性。

16）在 Visual Basic 中用_____方式打开的文件只能读不能写。

3．判断题

1）按照文件的存取方式分类，文件可以分为两种类型：文本文件和随机文件。

2）若某顺序文件已经存在，需要在打开该文件时自动清除原有内容，以便于重新写入新的内容，应采用 Output 打开模式。

3）若要在磁盘上新建一个顺序文件，可用 Output 或 Append 方式打开文件。

4）文件按照数据编码方式可以分为 ASCII 码文件和二进制文件。

5）文件记录由多个数据项组成，每一个数据项的数据类型可以不同。

6）在 Visual Basic 中，文件号最大可取的值为 256。

7）在读文件数据时，可以利用 EOF( )函数判断是否已经读到了文件的末尾。

8）在顺序文件中，每条记录的长度必须相同。

9）在随机文件中，每一个文件中的记录号不必唯一。

10）文件复制操作的语句格式是 FileCopy "d:\ File1.txt", "c:\ File2.txt"。

4．程序填空题

1）写顺序文件。建立文件名为 D:\aaa.dat 的顺序文件，并利用文本框向其中输入数据，每按一次〈Enter〉时，就将文本框内容作为一个记录写入文件，同时清空文本框。输入 end 时结束。

```
Private Sub Form_Load()
    Open "D:\aaa.dat" For 【1】 As #1
    Text1.Text = ""
End Sub
Private Sub Text1_KeyPress(KeyAscii As Integer)
    If 【2】 Then
        If LCase(Text1.Text) = 【3】 Then
            Close #1
            End
        Else
            Print #1, 【4】
            Text1.Text = ""
        End If
    End If
End Sub
```

2）读顺序文件。将顺序文件 D:\aaa.dat 的内容读出，并显示在窗体上。

```
Private Sub Form_Click()
    Dim MyStr As String
    Open "D:\aaa.dat" For 【5】 As #1
    Do While 【6】
        Input #1, MyStr
        Print MyStr
    Loop
    【7】
End Sub
```

3）文本文件的合并。将文本文件 a.txt 和 b.txt 合并成一个文件 c.txt。

```
Private Sub Form_Click()
    Dim MyStr As String
    Open "a.txt" For Input As #1
    Open "b.txt" For Input As #2
    Open "c.txt" For 【8】 As #3
    Do While 【9】
        Input #1, MyStr
        Print #3, 【10】
    Loop
    Do While Not EOF(1)
        Input #2, MyStr
        Print #3, MyStr
    Loop
    Close #1, #2, #3
End Sub
```

4）顺序文件的修改。文本文件 D:\Student.txt 中存放了学生的成绩情况。每条记录由学号、姓名和成绩组成，中间用逗号分隔。要将成绩转换成相应等级，即 90～100 分为优秀，80～89 分为良好，70～79 分为中等，60～69 分为及格，60 分以下为不及格。

```
Private Sub Command1_Click()
    Dim xh As String, xm As String, cj As Single, dj As String
    Open "D:\Student.txt" For Input As #1
    Open "D:\LsStudent.txt" For Output As #2
    Do While 【11】
        Input #1, xh, xm, cj
        Select Case cj
            Case 90 To 100
                dj = "优秀"
            Case 80 To 89
                dj = "良好"
            Case 70 To 79
                dj = "中等"
            Case 60 To 69
                dj = "及格"
```

```
                Case Else
                    dj = "不及格"
                End Select
                Write #2, 【12】, xm, dj
        Loop
        Close #1, #2
        Open "D:\Student.txt" For Output As #1
        Open "D:\LsStudent.txt" For Input As #2
        Do While Not 【13】
            Input #2, xh, xm, dj
            Write #1, xh, xm, dj
        Loop
        Close #1, #2
    End Sub
```

5）二进制文件的复制。将文件 D:\ MyFile.dat 复制为文件 D:\MyFile.bak。

```
    Private Sub Command1_Click()
        Dim char As Byte
        Open "D:\MyFile.dat" For 【14】 As #1
        Open "D:\MyFile.bak" For Binary As #2
        Do While Not EOF(1)
            【15】    #2, char
            Put #2, , 【16】
        Loop
        Close #1, #2
    End Sub
```

五、自测题答案

1．选择题

1）A   2）C   3）B   4）B   5）A   6）D   7）A   8）D   9）D

10）D   11）C   12）A   13）B   14）A   15）B   16）C   17）A   18）A

19）D   20）D   21）C   22）A   23）A   24）C   25）B   26）B   27）D

28）D   29）C   30）A   31）C   32）C   33）C   34）D   35）D   36）B

37）D   38）A

2．填空题

1）随机文件

2）关闭

3）数据

4）Open、Close

5）511

6）Output、Append、Write、Input

7）Input、Input#、Line Input#

8）LOF、EOF

9）Random、Binary

10）Get、Put

11）Get、Put

12）LineInput　#1, Data

13）Get　#1,5,stu

14）Get　#1,10,Char

15）Pattern

16）Input

3．判断题

1）F　2）T　3）T　4）T　5）T　6）F　7）T　8）F　9）F　10）T

4．程序填空题

【1】Output

【2】KeyAscii = 13

【3】"end"

【4】Text1.Text

【5】Input

【6】Not EOF(1)

【7】Close #1

【8】Output

【9】Not EOF(1)

【10】MyStr

【11】Not EOF(1)

【12】xh

【13】EOF(2)

【14】Binary

【15】Get

【16】char

六、实验参考程序

1）实验 1）参考代码如下。

```
Private Sub Form_Click()
    Dim str As String, num As Integer
    str = "Visual Basic6.0"
    n = 12345
    Open "d:\myfile.txt" For Output As #1
    Print #1, str, num
    Print #1, str; num
```

```
            Write #1, str, num
            Close #1
        End Sub
```

2）实验2）参考代码如下。

```
        Private Sub Form_Click()
            Randomize
            Dim a(1 To 10) As Integer
            Open "Myfile.dat" For Output As #1
            For i = 1 To 10
                a(i) = Int(Rnd() * 900 + 100)
                Print #1, a(i)
            Next i
            Close
            Open "Myfile.dat" For Input As #1
            For i = 1 To 10
                Input #1, n
                Sum = Sum + n
                List1.AddItem n
            Next i
            List1.AddItem "累加和为： " & Sum
            List1.AddItem "平均数为： " & Sum / 10
            Close
        End Sub
```

3）实验3）参考代码如下。

```
        Private Type Zhigong
            zname As String * 8
            zyear As String * 10
            znum As String * 8
            zadd As String * 20
            zsalary As Single
        End Type
        Dim zg As Zhigong
        Dim number As Integer
        Private Sub Command1_Click()
            number = number + 1
            zg.zname = Text1.Text
            zg.znum = Text2.Text
            zg.zyear = Text3.Text
            zg.zadd = Text4.Text
            zg.zsalary = Text5.Text
            Put #1, number, zg
        End Sub
        Private Sub Command2_Click()
            Picture1.Cls
```

134

```
        For i = 1 To number
            Get #1, i, zg
            Picture1.Print i; Spc(3); zg.zname; Tab(18); zg.zyear; Tab(30); zg.znum; Tab(40); zg.zadd;
            Tab(60); zg.zsalary
        Next i
    End Sub
    Private Sub Form_Load()
        Open "d:\zhigong6.dat" For Random As #1 Len = Len(zg)
        number = LOF(1) / Len(zg)
    End Sub
    Private Sub Form_Unload(Cancel As Integer)
        Close
    End Sub
```

4）实验 4）参考代码如下。

```
    Private Sub Form_Click()
        Randomize
        Dim i As Integer, n As String * 1
        Open "d:\myfile.dat" For Binary As #1
        For i = 1 To 20
            n = Chr(Int(Rnd()* 26 + 65))
            Put #1, i + 799, n
        Next i
        Close
        Open "d:\myfile.dat" For Binary As #1
        For i = 1 To 20
            Get #1, i + 799, n
            Print n;
        Next i
        Close
        Print
    End Sub
```

5）实验 5）参考代码如下。

```
    Dim MyFile As String
    Private Sub Command1_Click()
        Dim i As Integer
        i = Shell(MyFile, vbNomalfocus)
    End Sub
    Private Sub Dir1_Change()
        File1.Path = Dir1.Path
    End Sub
    Private Sub Drive1_Change()
        Dir1.Path = Drive1.Drive
    End Sub
    Private Sub File1_Click()
```

```vb
        Dim TextData As String, LineData As String
        If Right(File1.Path, 1) <> "\" Then
            MyFile = File1.Path & "\" & File1.FileName
        Else
            MyFile = File1.Path & File1.FileName
        End If
        Open MyFile For Input As #1
        Do While Not EOF(1)
            Line Input #1, LineData
            TextData = TextData + LineData + Chr(13) + Chr(10)
        Loop
        Close #1
        Text1 = TextData
End Sub
Private Sub Form_Load()
        File1.Pattern = "*.txt"
End Sub
```

第9章 Visual Basic 图形处理

一、知识要点

1. Visual Basic 的坐标系

Visual Basic 的坐标系是指在屏幕、窗体、容器上定义的表示图形对象位置的平面二维格线，一般采用数对(x,y)的形式定位。坐标系由 3 要素构成，即坐标原点、坐标轴的长度与方向及坐标度量单位（刻度）。

2. 坐标系的默认设置

坐标系的默认设置是：容器的左上角为坐标原点(0,0)，横向向右为 X 轴的正向，纵向向下为 Y 轴的正向。坐标度量单位由容器对象的 ScaleMode 属性决定。缺省时为 Twip，每英寸 1440 个 Twip，20 个 Twip 为 1 磅（Point）。

3. 坐标刻度

坐标刻度的 8 种设置

1）vbUser=0，表示用户自定义。

2）vbTwips=1，使用系统缺省设置。

3）vbPoints=2，坐标刻度每英寸约为 72 磅。

4）vbPixels=3，坐标刻度用像素表示。

5）vbCharacters=4，坐标刻度用字符表示。

6）vbInches=5，坐标刻度每英寸为 2.54cm。

7）vbMillimeters=6，坐标刻度用毫米表示。

8）vbCentimeters=7，坐标刻度用厘米表示。

4. Scale 属性组

Scale 属性组包括：ScaleMode、ScaleLeft、ScaleTop、ScaleWidth 和 ScaleHeight。ScaleTop、ScaleLeft 的值用于控制对象左上角的坐标，所有对象的 ScaleTop、ScaleLeft 属性的默认值为 0。ScaleWidth、ScaleHeight 的值可确定对象坐标系 X 轴与 Y 轴的正向及最大坐标值。默认值均大于 0，此时 X 轴的正向向右，Y 轴的正向向下。

5. 设置颜色

可以通过 QBColor 函数和 RGB 函数来设置颜色。QBColor 函数支持 16 种颜色，其语法格式为：QBColor(颜色码)。RGB 函数通过红、绿、蓝三基色混合产生某种颜色，其语法格式为：RGB(红,绿,蓝)。

6. 图形属性

图形属性主要包括线宽、线型、填充颜色和填充样式。DrawWidth 属性用来返回或设置图形方法输出的线宽。DrawStyle 属性用来返回或设置图形方法输出的线型。FillColor 属性用于为 Line 和 Circle 方法生成的矩形和圆填充颜色。FillStyle 属性用于为 Line 和 Circle 方法生成的矩形和圆指定填充的图案。

7．与图形有关的控件

Visual Basic 中与图形有关的标准控件有 4 种：图形框、图像框、直线和形状。可以用来显示位图、图标或 JPGE、GIF 等格式的图片。

8．直线控件

直线控件是 Visual Basic 提供的画线工具。其主要包含 BorderWidth、BorderStyle 和 BorderColor 属性，以及 x1、y1 和 x2、y2 属性。BorderWidth 属性用于确定线的宽度；BorderStyle 属性用于确定线的形状；BorderColor 属性用于确定线的颜色；x1、y1 和 x2、y2 属性用于控制线的两个端点的位置。

9．Shape 控制

Shape 控件可以添加矩形、正方形、椭圆、圆、圆角矩形及圆角正方形。默认为矩形，通过 Shape 属性可确定所需要的几何形状。FillStyle 属性可以为形状控件指定填充的图案；FillColor 属性用于为形状控件着色。

10．Line 方法

Line 方法用于在对象上添加直线或矩形，其语法格式如下：

[对象.]Line[[Step](x1,y1)]-[Step](x2,y2)[,颜色][,B[F]]

(x1,y1)为线段的起点坐标或矩形的左上角坐标，(x2,y2)为线段的终点坐标或矩形的右下角坐标；关键字 Step 表示采用当前图位置的相对值；关键字 B 表示添加矩形，关键字 F 表示用添加矩形的颜色来填充矩形。

11．Pset 方法

Pset 方法用于在窗体、图片框指定位置上画点，其语法格式如下：

[对象.]Pset [Step] (x,y) [,Color]

参数(x,y)为所添加点的坐标，关键字 Step 表示采用当前图位置的相对值。利用背景颜色可清除某个位置上的点。利用 Pset 方法可添加任意曲线。

12．Circle 方法

Circle 方法用于添加圆、椭圆、圆弧和扇形，其语法格式如下：

[对象.]Circle [Step] (x,y),半径 [,颜色,起始角,终止角,纵横比]

其中：(x,y)为圆心坐标，关键字 Step 表示采用当前图位置的相对值；圆弧和扇形通过参数起始角、终止角进行控制。当起始角、终止角取值在 $0 \sim 2\pi$ 时为圆弧；当在起始角、终止角取值前加上负号时，画出扇形，负号表示圆心到圆弧的径向线。椭圆通过长短轴比率控制，默认值为 1，表示画圆。

13．Point 方法

Point 方法用于返回窗体或图形框上指定点的 RGB 颜色值，其语法格式如下：对象名.Point(X,Y)，其中 x、y 为对象上某点的坐标。当(x,y)所确定的点不在对象上时，Point 方法的返回值为-1。

二、常见错误和疑难分析

1）默认 Visual Basic 坐标系的主要特征是什么？在默认的 Visual Basic 坐标系中，原点(0,0)位于容器内部的左上角，X 轴的正向水平向右，最左端是默认位置 0。Y 轴的正向垂直向下，最上端是默认位置 0。

2）容器上的绘图区域包括哪些部分？容器内部是指可以容纳其他控件并且可用于绘图的区域，该区域称为绘图区或工作区。绘图区不包括边框，如果窗体中有标题栏和菜单栏，那么这两部分不属于绘图区。

3）坐标刻度的选择对绘图有什么影响？坐标刻度即容器内坐标的度量单位，由窗体、图片框等容器对象的 ScaleMode 属性决定。改变容器对象的 ScaleMode 属性值，不会改变容器的大小和在屏幕上的位置，也不影响坐标原点。容器的刻度改变后，位于该容器内部的控件也不会改变大小和位置，但是控件大小和位置的计量单位会随容器刻度改变。坐标刻度共有 8 种设置，这些值指示的是图形对象打印尺寸的大小，而计算机屏幕上的物理距离则与显示器的大小和分辨率有关。

4）如何利用 Scale 属性组的成员建立自定义坐标系？

Scale 属性组包括 ScaleLeft、ScaleTop、ScaleWidth 和 ScaleHeight 属性，用这些属性可以创建自定义坐标系。ScaleLeft 和 ScaleTop 属性用于控制绘图区左上角的坐标，默认值均为 0，此时坐标原点(0,0)位于绘图区左上角。如果要移动原点的位置，比如数学中的笛卡尔（直角）坐标系，将原点设在窗体或图片框的中心，就需要改变 ScaleLeft 和 ScaleTop 属性值。ScaleWidth 和 ScaleHeight 属性可用于创建一个自定义的坐标比例尺。例如执行语句 ScaleHeight = 100，可以改变窗体绘图区高度的度量单位，从而取代当前的标准刻度（如像素、厘米等），即高度将变为 100 个自定义单位。此外，如果将这两个属性的值设置为负数，则改变坐标轴的方向。使用上述 4 个属性，可以建立一个完整的带有正负坐标的坐标系。

5）如何使用 Scale 方法建立自定义坐标系？通过 Scale 方法可以建立自定义坐标系，语法格式为：[容器对象.]Scale (x1, y1) - (x2, y2)。说明：容器对象是指窗体或图片框，省略时默认为当前窗体。(x1, y1)为左上角的坐标，(x2, y2)为右下角的坐标。注意两对括号之间的"-"不代表相减。

6）图形框与图像框的用法有什么区别？

① 图形框是容器控件，可以作为父控件，而图像框不能作为父控件。也就是说，在图形框中可以包含其他控件，而其他控件不能属于一个图像框。图形框是一个容器，可以把其他控件放在该控件上，作为它的子控件。当图形框中含有其他控件时，如果移动图形框，则框中的控件也随着一起移动，并且与图形框的相对位置保持不变；图形框内的控件不能移到图形框外。

② 图形框可以通过 Print 方法接收文本，并可接收由像素组成的图形，而图像框不能接收 Print 方法输入的信息，也不能用绘图方法在图像框上绘制图形。每个图形框都有一个内部光标（不显示），用来表示下一个将被绘制点的位置，这个位置就是当前光标的坐标，通过 CurrentX 和 CurremY 属性来记录。

③ 图像框比图形框占用的内存少，显示速度快。在图形框和图像框都能满足需要的情况

下，应优先考虑使用图像框。

7）用 Line 方法在窗体上绘制图形时，图形无法显示。用 Line 方法在窗体上绘制图形时，如果将绘制过程放在 Form_Load 事件内，必须将窗体的 AutoRedraw 属性设置为 True。当窗体的 Form_Load 事件完成后，窗体将产生重画过程，否则所绘制的图形无法在窗体上显示。

8）使用绘图方法时，如果省略掉某些参数，语法格式如何表示？如果要省掉中间的参数，逗号不能省略。例如，使用 Circle 方法添加椭圆时省掉了颜色、起始角、终止角 3 个参数，则必须加上 4 个连续的逗号，表明这 3 个参数被省掉了。

9）颜色、前景与背景色的设置。

① 颜色函数 RGB：色彩设置的格式为 RGB(Red,Green,Blue)，3 个分量各有 0～255 种成份，3 种色彩不同参数的搭配，就产生了多彩的颜色世界。

② 前景色的设置：通过对 ForeColor 属性的设置，可以返回或设置对象的前景色。

③ 背景色的设置：通过对 BackColor 属性的设置，可以返回或设置对象的背景色。

④ 图形的清除：Cls 方法可以清除窗体或图形框在程序运行中绘制的图形，其语法为对象名.Cls。

⑤ 获取像素的颜色值：Point(x,y)函数可以取得点(x,y)的颜色值，其语法为 Col＝对象名.Point(x,y)。

三、实验

1．实验目的

1）熟悉 Visual Basic 6.0 图形开发的基本过程。

2）利用 Circle 方法绘制圆环图形。

3）利用颜色函数设置彩色效果。

4）配合 Timer 方法实现图案和颜色的动态变化。

2．实验内容

1）启动 Visual Basic 6.0，新建一个标准 EXE 工程。

2）在窗体上添加一个 Timer 控件，将属性中的 Interval 值设置为 12。

3）双击窗体，添加代码。

4）为窗体添加 4 个函数过程，函数过程说明如表 9-1 表示。

表 9-1　函数过程说明

过 程 名 称	说 明
Form_Click()	在程序运行过程中，单击时实现退出功能
Form_KeyDown	在程序运行过程中，按任意键实现退出功能
Form_Load()	窗体运行时自动加载图形
Timer1_Timer()	配合颜色和半径的实时变化，实现图形动态输出

5）程序运行效果如图 9-1 所示。

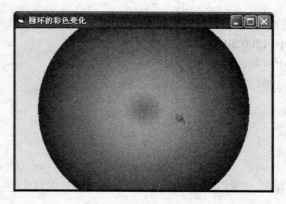

图 9-1　实验效果

6）分别保存窗体和工程。

四、自测题

1．选择题

1）坐标度量单位可通过_____来改变。

　　（A）DrawStyle 属性　　　　　　　（B）DrawWidth 属性

　　（C）Scale 方法　　　　　　　　　（D）ScaleMode 属性

2）以下的属性和方法中，_____可重定义坐标系。

　　（A）Drawstyle 属性　　　　　　　　　　（B）DrawWidth 属性

　　（C）Scale 属性　　　　　　　　　　　　（D）ScaleMode 属性

3）Cls 可清除窗体或图形框中_____的内容。

　　（A）Picture 属性设置的背景图案

　　（B）在设计时放置的控件

　　（C）程序运行时产生的图形和文字

　　（D）以上均可

4）窗体和各种控件都具有图形属性，下列_____属性可用于显示处理。

　　（A）Drawstyle、DrawMode

　　（B）AutoRedraw、ClipControls

　　（C）FillStyle、FillColor

　　（D）ForeColor、BorderColor

5）封闭图形的填充方式由下列_____属性决定。

　　（A）DrawStyle、DrawMode

　　（B）AutoRedraw、ClipControls

　　（C）FillStyle、FillColor

　　（D）ForeColor、BoderColor

6）Line(100,100)-Step(400,400)将在窗体上的_____添加一条直线。

　　（A）(200,200)～(400,400)

（B）(100,100)～(300,300)

（C）(100,100)～(500,500)

（D）(100,100)～(400,400)

7）执行命令 Line(300，300)–(500,500)后，CurrentX=_____。

（A）500

（B）300

（C）200

（D）800

8）当使用 Line 方法时，参数 B 与 F 可组合使用，下列组合中_____不允许。

（A）BF

（B）F

（C）B

（D）不使用 B 和 F

9）执行语句 Line(1200,1200)-step(1000,500),B 后，CurrentX=_____。

（A）2200

（B）1200

（C）1000

（D）1700

10）执行语句 Circle(1000,1000),500,8,–6,–3，将绘制出_____。

（A）画圆

（B）椭圆

（C）圆弧

（D）扇形

11）当使用 Line 方法添加直线后，当前坐标在_____。

（A）(0,0)

（B）直线起点

（C）直线终点

（D）容器的中心

12）有如下程序：

```
Form1.Cls
For r=35 To 85 Step 25
    Circle(300,240),r
Next r
```

单击窗体后，窗体上显示的是_____。

（A）3 个相交圆

（B）3 个同心不相交圆

（C）4 个同心不相交圆

（D）两个同心不相交圆

142

13）单击窗体时，下列程序段的执行结果为_____。

```
Private Sub Form Click()
Line(200,200)-(400,400)
Print"++++++++++++++++++++"
Print"********************"
End Sub
```

（A）在窗体上画一斜线，从斜线终点处开始打印两行符号

（B）在窗体上画一斜线，从斜线起点处开始打印两行符号

（C）在窗体上画一斜线，从窗体左上角开始打印两行符号

（D）从窗体左上角开始打印两行符号，从符号结束处开始画一斜线

14）若要在图片框中绘制一个椭圆，使用的方法是_____。

（A）Circle

（B）Line

（C）Point

（D）Pset

15）下列程序中，运行结果不同的是_____。

（A）for I=100 to 200

        Pset(100,I)

  Next I

（B）Line(100,100)-(100,200)

（C）Line(100,100)-Step(0,100)

（D）Line Step(100,100)-Step(100,200)

16）运行以下程序后，输出的图形是_____。

```
For r=0 To 150
    For i=l To 1000
    Circle(320,240),r
    Next i
Next r
```

（A）一个固定的空心圆

（B）一个半径逐渐变大的空心圆

（C）一个固定的实心圆

（D）一个半径逐渐变大的实心圆

17）下列_____途径在运行时不能将图片添加到窗体、图片框或图像框的 Picture 属性。

（A）使用 LoadPicture 方法

（B）对象间图片的复制

（C）通过剪贴板复制图片

（D）使用拖放操作

18）设计时添加到图片框或图像框的图片数据保存在_____。

（A）窗体的 FRM 文件

（B）窗体的 FRX 文件

（C）图片的原始文件内

（D）编译后创建的 EXE 文件

19）命令按钮、单选按钮、复选框上都有 Picture 属性，可以在控件上显示图片，但需要_____来控制。

（A）Appearance 属性

（B）Style 属性

（C）DisabledPicture 属性

（D）DownPicture 属性

20）下面对象中不能作为容器的是_____。

（A）窗体

（B）Image 控件

（C）PictureBox 控件

（D）Frame 控件

21）当窗体的 AutoRedraw 属性采用默认值时，若在窗体装入时要使用绘图方法绘制图形，则应将程序放在_____。

（A）Paint 事件

（B）Load 事件

（C）Initialize 事件

（D）Click 事件

22）图像框有一个属性，可以自动调整图形的大小，以适应图像框的大小，这个属性是_____。

（A）Autosize

（B）Stretch

（C）AutoRedraw

（D）Appearance

23）下列关于控件画法的叙述，错误的是_____。

（A）单击一次工具箱中的控件图标，在窗体中只能添加一个相应的控件。

（B）按住〈Ctrl〉键后，单击一次工具箱中的控件图标，可以在窗体中添加多个相同类型的控件。

（C）双击工具箱中的控件图标，所添加控件的大小和位置是固定的。

（D）不使用工具箱中的控件工具，就不可以在窗体中添加图形对象，但可以写入文字字符。

2. 填空题

1）使用_____方法可以在窗体中进行文本的输出；使用_____方法可以画圆；使用_____方法可以画直线。

2）使用_____函数可以加载图形。

3）为了使一个 Picture 控件能自动根据装入的图片调整大小，应设置该控件的_____

属性为_____。

4）容器的 ScaleMode 属性值为_____时，容器坐标系的刻度单位为磅。

5）当一个对象（如窗体或图片框）被移动或改变大小后，或当对象的覆盖部分被移开后，如果要保持所画图形的完整性，可以通过触发_____事件来完成图形的重画工作。

6）RGB 函数中通过将红、绿、蓝三原色混合产生某种颜色，其中 RGB(255,255,255)返回_____。

7）_____属性用来返回或设置图形方法输出的线宽。

8）图像框控件通过_____属性，来指定图形是否要调整大小，以适应 Image 控件的大小。

9）图形框是_____控件，可以作为父控件，而图像框不能作为父控件。

10）用绘图方法在窗体上绘制图形时，如果将绘制过程放在 Form_Load 事件内，必须将窗体的_____属性设置为 True。当窗体的 Form_Load 事件完成后，窗体将产生重画过程，否则所绘制的图形无法在窗体上显示。

11）绘图方法中的 Step 参数，表示采用当前图位置的_____。

12）可以使用所属对象的_____和_____属性填充封闭的图形。

13）_____方法用于返回窗体或图形框上指定点的 RGB 颜色值。

3．程序题

1）使用 Line 方法在窗体上绘制若干同心的矩形图案，触发窗体单击事件时，矩形的颜色可以产生动态改变。

2）使用 Pset 方法在窗体上绘制正弦曲线，触发窗体单击事件时，曲线可以动态产生。

3）使用 Circle 方法在窗体上绘制带缺口的圆饼图案，触发窗体单击事件时，产生该图形。

五、自测题答案

1．选择题

1）D	2）C	3）C	4）B	5）C	6）C	7）A
8）B	9）A	10）D	11）C	12）B	13）A	14）A
15）D	16）D	17）D	18）B	19）B	20）B	21）A
22）A	23）D					

2．填空题

1）Printer、Circle、line

2）loadPicture

3）autosize、TRUE

4）2

5）paint

6）白色

7）DrawWidth

8）Stretch

9）容器

10）AutoRedraw

11）相对值

12）FillColor、FillStyle、Point

3．程序题

1）参考代码如下。

```
Private Sub Form_Click()
    Dim CX, CY, F, F1, F2, i
    CX = ScaleWidth / 2
    CY = ScaleHeight / 2
    DrawWidth = 6
  For i = 50 To 0 Step−3
    F = i / 50
    F1 = 1 − F
    F2 = 1 + F
    ForeColor = QBColor(Int(Rnd * 10))
    Line (CX * F1, CY * F1)-(CX * F2, CY * F2), , BF
  Next i
End Sub
```

2）参考代码如下。

```
Private Sub Form_Click()
    Const Pi = 3.1415926
    Show
    Move 0, −300, 90000, 60000
    Scale (−9.9, 6.9)-(−9.9, −6.9)
    Line (−9, 0)-(9, 0)
    Line (0, 60)-(0, −60)
    For i = −9 To 9 Step 1
        CurrentX = i
        CurrentY = 0
        Print i
        DrawWidth = 3
        PSet (i, 0), vbRed
        DrawWidth = 2
        CurrentX = 0
        CurrentY = i
        DrawWidth = 2
        PSet (0, i), vbRed
        DrawWidth = 2
        If i >  −6.1 And i < 6.1 Then Print i
    Next i
    R = 3
    For j = 0 To Pi * 2 Step 0.01
        y = R * Sin(j)
```

```
            DrawWidth = 3
            PSet (j, y), vbRed
            Me.Refresh
        Next
    End Sub
```

3）参考代码如下。

```
Private Sub Form_Click()
    Const Pi = 3.1415926
    Dim i As Integer
    For i = 300 To 1 Step −1
        Circle (2500, 1000 + i), 900, QBColor(3), −Pi / 4, −Pi * 2, 0.7
    Next i
    FillStyle = 0
    FillColor = QBColor(10)
    Circle (2500, 1000), 900, , −Pi / 4, −Pi * 2, 0.7
End Sub
```

六、实验参考程序

```
Option Explicit
Dim Radius, R, G, B, XPos, YPos, i, j, k, s1, s2, s3, w As Integer
Dim l As Long
Dim d As Boolean
Private Sub Form_Click()
    Unload Form1
End Sub
Private Sub Form_KeyDown(KeyCode As Integer, Shift As Integer)
    Unload Form1
End Sub
Private Sub Form_Load()
    Form1.DrawWidth = 5            '每个圆环宽度
    Radius = 1                     '初始化半径
    w = 20                         '半径改变大小
    d = True                       '初始化半径改变为增大
                                   '初始化颜色中红绿蓝成分数值
    R = 10
    G = 200
    B = 90
                                   '每次红绿蓝成分改变数值
    s1 = 1
    s2 = 2
    s3 = 3
```

```vb
                                              '初始化红绿蓝成分更改方向
        i = -1
        j = 1
        k = 1
End Sub
Private Sub Timer1_Timer()

                                              '改变红色成分数值
        If R + i * s1 > 255 Then
        R = 510 - R - s1 * i
        i = -1
        ElseIf R + s1 * i < 0 Then
        R = -R - s1 * i
        i = 1
        Else
        R = R + i * s1
        End If

                                              '改变绿色成分数值
        If G + j * s2 > 255 Then
        G = 510 − G − s2 * j
        j = -1
        ElseIf G + s2 * j < 0 Then
        G = −G − s2 * j
        j = 1
        Else
        G = G + j * s2
        End If

                                              '改变蓝色成分数值
        If B + k * s3 > 255 Then
        B = 510 − B − s3 * k
        k = -1
        ElseIf B + s3 * k < 0 Then
        B = −B − s3 * k
        k = 1
        Else
        B = B + k * s3
        End If

                                              '圆环中心
        XPos = Form1.ScaleWidth / 2
        YPos = Form1.ScaleHeight / 2

                                              '最大半径
        l = Sqr(CLng(YPos) * CLng(YPos) + CLng(XPos) * CLng(XPos))
                                              '判断半径改变方向
        If Radius <= 1 Then
```

```
        d = True
        End If
        If Radius > 1 Then
        d = False
        End If

                        '画出圆环
        Circle (XPos, YPos), Radius, RGB(R, G, B)
                        '改变半径大小
        If d Then
        Radius = Radius + w
        Else
        Radius = Radius - w
        End If
    End Sub
```

第 10 章　应用程序界面设计

一、知识要点

1．对话框

对话框并不是标准工具箱中的控件，需要用户添加。对话框分 3 种：预定义对话框、通用对话框和用户自定义对话框。在程序中经常用到的预定义对话框有 InputBox 和 MsgBox。6 种通用对话框为："打开"对话框、"另存为"对话框、"颜色"对话框、"字体"对话框、"打印"对话框和"帮助"对话框。通用对话框只提供了一个界面，具体功能的实现要通过代码的编写来完成。打开通用对话框有两种方法：一种方法是对 Action 属性设置不同的值；另一种方法是用相应的 Show 方法。

2．菜单

Windows 中的菜单分两种：下拉式菜单和弹出式菜单。在 Visual Basic 中都要通过菜单编辑器来进行编辑，都支持 Click 事件，显示弹出式菜单则需要调用 PopupMenu 方法。

3．鼠标事件

鼠标事件除了 Click 和 DbClick 之外，还有 MouseDown、MouseUp 和 MouseMove 事件。Click 和 DbClick 事件是不带任何参数的鼠标事件，而 MouseDown、MouseUp 和 MouseMove 事件带有 Button、Shift 和 X、Y 参数。其中 Button 参数表示用户按下或释放了哪个鼠标按钮；Shift 参数表示 Alt、Ctrl 和 Shift 键的状态；X、Y 参数表示鼠标当前所处的位置。

4．多重窗体

在许多复杂的程序设计中，单一窗体往往不能满足用户需要，多个窗体配合使用才能使 Visual Basic 发挥出强大的功能。添加、删除窗体都要在"工程"菜单下选择相应的命令。在多窗体程序中，要选择一个窗体作为启动窗体，使程序正常运行，默认为第一个建立的窗体。将窗体装入内存使用 Load 语句；将窗体从内存中删除使用 UnLoad 语句；要显示某个窗体使用 Show 方法；隐藏某个窗体使用 Hide 方法。

二、常见错误和疑难分析

1）"字体"对话框不起作用。在使用"字体"对话框之前要先设置所加载的字体，加载字体之间用 or 操作连接，然后再使用。

2）菜单设计时形成控件数组。菜单设计时，如果在名称上输入相同的内容，就会形成控件数组。要形成控件数组，还要在索引项上输入相应的 Index 值。

3）菜单编辑器中的标题和名称分不清。使用菜单编辑器编辑菜单时，要分别输入标题和名称。标题相当于控件的 Caption 属性，是要显示在窗体上，用户可以看到的内容。而名称相当于控件的 Name 属性，是在代码窗口编程时用于标识控件的唯一标志。

4）鼠标事件触发的顺序根据控件的不同而不同。用户在窗体上按下鼠标按键，会触发鼠标事件，但是在不同的控件上，鼠标事件触发的顺序是不同的。

当用户在窗体、标签和文本框上单击鼠标按键时，鼠标事件触发的顺序是：MouseDown、MouseUp、Click。

当用户在命令按钮上单击鼠标时，鼠标事件触发的顺序是：MouseDown、Click、MouseUp。

5）调用多重窗体时，出现找不到对象的信息。在调用多重窗体程序时，找不到对象的情况一般出现在 Show 语句之后。Show 语句之后用的是调用窗体的名称，也就是编程中用于标识窗体的 Name 属性值，而不是保存窗体时的文件名称。

三、实验

1. 实验目的

1）学会使用通用对话框的设计。

2）掌握下拉式菜单和弹出式菜单的设计。

2. 实验内容

1）打开相应的通用对话框，并显示相应的项目，设计界面如图 10-1 所示。

2）下拉式菜单设计。在窗体上添加一个文本框，设置其多行属性，并添加垂直和水平滚动条。在文本框中输入适当的文字，通过菜单命令控制文本框中文字的外观，如字体、大小和字体颜色。"系统信息" 菜单中有两个命令，分别是 "输入新信息" 和 "退出"；"字体外观" 菜单中有 4 个命令，分别是 "粗体"、"斜体"、"加下划线"、"加删除线"；"字体名称" 菜单项中有 4 个命令，分别为 "宋体"、"隶书"、"黑体"、"楷体"；"字体大小" 菜单项中有 4 个命令，分别是 14、20、26、30；"字体颜色" 菜单中有 3 个命令，分别是 "红色"、"绿色"、"蓝色"。设计界面如图 10-2 所示。

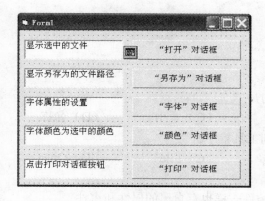

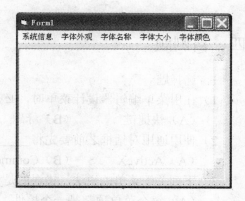

图 10-1　通用对话框设计图　　　　　　图 10-2　下拉菜单设计图

3）弹出式菜单设计。通过弹出式菜单实现在列表框中随机产生 10 个 3 位数，对它们进行从大到小排序，删除其中的最大值和最小值，运行界面如图 10-3 所示。

4）随意在窗体上按下和释放鼠标左键和右键，窗体上会给出相应的提示信息，运行界面如图 10-4 所示。

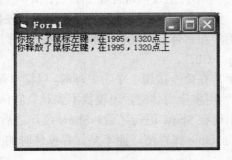

图 10-3　弹出式菜单运行界面　　　　　图 10-4　鼠标事件运行界面

5）在主界面中选择所要查看的图书目录类型，隐藏主界面，弹出具体的图书目录窗体，在具体的图书目录界面中单击"返回"按钮，返回主界面，只有在主界面中单击"退出"按钮才能退出整个程序。运行界面如图 10-5、10-6 所示。（注意窗体外形的设计）

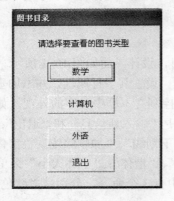

图 10-5　图书目录主界面　　　　　　图 10-6　数学图书目录界面

四、自测题

1．选择题

1）在用菜单编辑器设计菜单时，必须输入的是_____。

（A）快捷键　　　　（B）标题　　　　　　（C）索引　　　　（D）名称

2）使用通用对话框之前要先将_____添加到工具箱中。

（A）ActiveX　　　（B）CommonDialog　　　（C）File　　　　（D）Open

3）下列关于菜单的说法，错误的是_____。

（A）每个菜单项都是一个控件，与其他控件一样也有自己的属性和事件

（B）除了 Click 事件外，菜单项还能响应其他事件，如 DbClick 事件

（C）菜单项的快捷键不能任意设置

（D）在执行程序时，如果菜单项的 Enabled 属性为 False，则该菜单项为灰色，不能被用户使用

4）在下列关于通用对话框的叙述中，错误的是_____。

（A）CommonDialog1.ShowFont 用于显示"字体"对话框

（B）在"打开"或"另存为"对话框中，用户选择的文件名可以通过 FileTitle 属性返回

（C）在"打开"或"另存为"对话框中，用户选择的文件名及路径可以通过 FileName 属性返回

（D）通用对话框可以用来制作和显示"文件夹选项"对话框

5）以下哪项是正确的_____。

（A）CommonDialog1.Filter=All File|*.*|pictures(*.bmp)|*.Bmp

（B）CommonDialog1.Filter="All File"|"*.*"|"pictures(*.bmp) "|"*.Bmp"

（C）CommonDialog1.Filter="All File|*.*|pictures(*.bmp)|*.Bmp"

（D）CommonDialog1.Filter={All File|*.*|pictures(*.bmp)|*.Bmp}

6）以下_____是通用对话框的共同属性。

（A）CancelError　　　（B）Font　　　　　　（C）Filename　　　（D）Color

7）一个菜单项是不是一个分隔条，是由_____属性决定的。

（A）Name　　　　　（B）Caption　　　　　（C）Enabled　　　（D）Visible

8）在 Visual Basic 的窗体中有如下事件过程。

```
Private Sub Form_MouseDown(Button As Integer, Shift As Integer, X As Single, Y As Single)
    If Button = 2 Then Print "xxxxxxxxxx"
End Sub
Private Sub Form_MouseUp(Button As Integer, Shift As Integer, X As Single, Y As Single)
    Print "yyyyyyyyyy"
End Sub
```

程序运行后，若在窗体上单击，则窗体上的输出结果是_____。

（A）xxxxxxxxxx　　　　　　　　（B）yyyyyyyyyy

（C）xxxxxxxxxx　　　　　　　　（D）yyyyyyyyyy

　　　yyyyyyyyyy　　　　　　　　　　xxxxxxxxxx

9）_____属性用于定义菜单项的控制名，不会出现在屏幕上，在程序中用来引用该菜单项。

（A）Caption　　　　（B）Name　　　　　（C）Value　　　　（D）Index

10）当程序运行时，在窗体上单击，以下_____事件是窗体不会接收的。

（A）MouseDown　　　　　　　　（B）MouseUp

（C）Load　　　　　　　　　　　（D）Click

11）在 Visual Basic 中，要将一个窗体加载到内存进行处理但不将其显示，应使用的语句是_____。

（A）Load　　　　（B）Show　　　　　（C）Hide　　　　　（D）Unload

12）假设在窗体上建立了一个通用对话框，其名称为 CommonDialog1，然后添加一个命令按钮 Command1，并编写如下事件过程

```
Private Sub Command1_Click()
    CommonDialog1.Flags = 4
    CmmonDialog1.Filter="AllFiles(*.*)|*.*|text Files(*.Txt)|*.txt| Batch Files(*.Bat)|*.bat"
    CommonDialog1.FilterIndex = 1
    CommonDialog1.ShowOpen
    MsgBox CommonDialog1.FileName
End Sub
```

程序运行后，单击命令按钮，将显示一个"打开"对话框，此时在"文件类型"对话框中显示的是_____。

  （A）All Files(*.*)   （B）Text Files(*.Txt)

  （C）Batch Files(*.bat)   （D）不确定

13）如果 Form1 是启动窗体，并且 Form1 的 Load 事件过程中有 Form2.Show，则程序启动后，下面说法正确的是_____。

  （A）发生一个运行时错误

  （B）发生一个编译时错误

  （C）所有的初始化代码运行后，Form1 是活动窗体

  （D）所有的初始化代码运行后，Form2 是活动窗体

14）下面关于多重窗体的叙述中，正确的是_____。

  （A）作为启动对象的 Main 子过程只能放在窗体模块内

  （B）如果启动对象是 Main 子过程，则程序启动时不加载任何窗体，以后由该过程根据不同情况决定是否加载窗体或加载哪一个窗体

  （C）没有启动窗体，程序不能执行

  （D）以上都不对

15）在 Visual Basic 中编写了如下代码：

```
Private Sub Form_MouseDown(Button As Integer, Shift As Integer, X As Single, Y As Single)
    If  Shift = 6  And  Button = 2  Then Print "ABCDEF"
End Sub
```

程序运行后，要在窗体上输出 ABCDEF，应执行的操作为_____。

  （A）同时按下〈Shift〉键和鼠标左键

  （B）同时按下〈Shift〉键和鼠标右键

  （C）同时按下〈Ctrl+Alt〉键和鼠标左键

  （D）同时按下〈Ctrl+Alt〉键和鼠标右键

2．填空题

1）在设计状态，选择_____命令，就可以打开"菜单编辑器"对话框。

2）_____属性可以使菜单项左边加上标记√。

3）_____属性用于控制菜单项是否被选择。

4）_____属性决定菜单项是否可见。

5）在菜单编辑器中的标题栏输入_____字符，可以使菜单上出现水平线，从而将菜单项划分成一些逻辑组。

6）_____指使用 Alt 键和菜单项标题中的一个字符来打开菜单。

7）_____能够直接执行菜单中的命令。

8）CommonDialog 控件是 ActionX 控件，需要通过_____菜单下"部件"命令将其添加到工具箱。

9）在程序中显示相应的通用对话框，必须对控件的_____属性赋予正确的值，或者使用说明性的_____方法。

10）如果在菜单标题的某个字母前输入一个_____符号，那么该字母就成为了一个热键字母。

11）当右击时，MouseDown、MouseUp 和 MouseMove 事件过程中的 Button 参数值为_____。

12）下面程序是由鼠标事件在窗体上画图，单击鼠标可以画图，双击窗体可以清除所画图形，补充完整下面的程序。

```
Dim paintstart As Boolean
Private Sub Form_Load()
        DrawWidth = 2
        ForeColor = vbGreen
End Sub
Private Sub Form_MouseDown(Button As Integer, Shift As Integer, X As Single, Y As Single)
        _____
End Sub
Private Sub Form_MouseMove(Button As Integer, Shift As Integer, X As Single, Y As Single)
    If paintstart Then
    PSet (X, Y)
    End If
End Sub
Private Sub Form_MouseUp(Button As Integer, Shift As Integer, X As Single, Y As Single)
        _____
    End Sub
    Private Sub Form_DblClick()
        _____
End Sub
```

13）假定建立一个工程，该工程包括两个窗体，其名称（Name 属性）为 Form1 和 Form2，启动窗体 Form1，在 Form1 添加一个命令按钮 Command1。程序运行后，当单击该命令按钮时，Form1 窗体消失，显示窗体 Form2，请将程序补充完整。

```
Private Sub Command1_Click()
        _____Form1
    Form2._____
    End Sub
```

3．判断题

1）使用单个通用对话框控件只能返回信息，不能真正实现文件打开、存储颜色设置、字体设置等操作，这些操作只能通过编程来实现。

2）CommonDialog 控件在设计状态下，以图标的形式显示在窗体上，其大小可以改变。

3）CommonDialog 控件在运行状态下，控件本身被隐藏。

4）只有菜单名没有菜单项的菜单称为顶层菜单。

5）通用对话框的 FileName 属性，返回的是一个输入或选取的文件全名。

6）当一个菜单项不可见时，其后的菜单项就会填充留下来的空位。

五、自测题答案

1. 选择题

1）D　2）B　3）B　4）D　5）C　6）A　7）B　8）B　9）B　10）C　11）A　12）A

13）C　14）B 15）D

2. 填空题

1）"工具"→"菜单编辑器"

2）复选框（Checked）

3）有效检查框（Enabled）

4）可见检查框（Visible）

5）-

6）热键

7）快捷键

8）工程

9）Action，Show

10）&

11）vbrightbutton 或 2

12）paintstart = True、paintstart = False、Cls

13）Unload、Show

3．判断题

1）T　2）F　3）T　4）T　5）T　6）T

六、实验参考程序

1）实验 1）参考代码如下。

```
Private Sub Command1_Click()   ' 打开对话框
CommonDialog1.DialogTitle = "打开文件"
CommonDialog1.FileName = ""
CommonDialog1.ShowOpen
If Err = cdlCancel Then Exit Sub
Text1.Text = CommonDialog1.FileName
End Sub
Private Sub Command2_Click()   ' 保存对话框
CommonDialog1.DialogTitle = "保存文件"
CommonDialog1.FileName = ""
```

```vb
CommonDialog1.ShowSave
If Err = cdlCancel Then Exit Sub
Text2.Text = CommonDialog1.FileName
End Sub
Private Sub Command3_Click()    ' 字体对话框
CommonDialog1.Flags = &H1 Or &H100
CommonDialog1.ShowFont
If Err = cdlCancel Then
Exit Sub
Else
If CommonDialog1.FontName <> "" Then
Text3.FontName = CommonDialog1.FontName
End If
Text3.FontSize = CommonDialog1.FontSize
Text3.FontBold = CommonDialog1.FontBold
Text3.FontItalic = CommonDialog1.FontItalic
Text3.FontStrikethru = CommonDialog1.FontStrikethru
Text3.FontUnderline = CommonDialog1.FontUnderline
End If
End Sub
Private Sub Command4_Click()    ' 颜色对话框
CommonDialog1.ShowColor
If Err = cdlCancel Then Exit Sub
Text4.ForeColor = CommonDialog1.Color
End Sub
Private Sub Command5_Click()    ' 打印对话框
CommonDialog1.ShowPrinter
If Err = cdlCancel Then Exit Sub
End Sub
```

2）实验 2）参考代码如下。

```vb
Private Sub Daxiao1_Click()    ' 字体大小 14
Text1.FontSize = 14
End Sub
Private Sub Daxiao2_Click()    ' 字体大小 20
Text1.FontSize = 20
End Sub
Private Sub Daxiao3_Click()    ' 字体大小 26
Text1.FontSize = 26
End Sub
Private Sub Daxiao4_Click()    ' 字体大小 30
Text1.FontSize = 30
End Sub
Private Sub Mingcheng1_Click()    ' 字体宋体
Text1.FontName = "宋体"
End Sub
Private Sub Mingcheng2_Click()    ' 字体隶书
```

```
Text1.FontName = "隶书"
End Sub
Private Sub Mingcheng3_Click()      ' 字体黑体
Text1.FontName = "黑体"
End Sub
Private Sub Mingcheng4_Click()      ' 字体楷体
Text1.FontName = "楷体_GB2312"
End Sub
Private Sub Waiguan1_Click()      ' 粗体
Waiguan1.Checked = Not Waiguan1.Checked
Text1.FontBold = Not Text1.FontBold
End Sub
Private Sub Waiguan2_Click()      ' 斜体
Waiguan2.Checked = Not Waiguan2.Checked
Text1.FontItalic = Not Text1.FontItalic
End Sub
Private Sub Waiguan3_Click()      ' 加下划线
Waiguan3.Checked = Not Waiguan3.Checked
Text1.FontUnderline = Not Text1.FontUnderline
End Sub
Private Sub Waiguan4_Click()      ' 加删除线
Waiguan4.Checked = Not Waiguan4.Checked
Text1.FontStrikethru = Not Text1.FontStrikethru
End Sub
Private Sub Xitong1_Click()      ' 输入新信息
Text1.Text = ""
End Sub
Private Sub Xitong2_Click()      ' 退出
End
End Sub
Private Sub Yanse1_Click()      ' 红色
Text1.ForeColor = &HFF&
End Sub
Private Sub Yanse2_Click()      ' 绿色
Text1.ForeColor = &HFF00&
End Sub
Private Sub Yanse3_Click()      ' 蓝色
Text1.ForeColor = &HFFFF00
End Sub
```

3) 实验 3) 参考代码如下。

```
Private Sub Caozuo1_Click()      ' 产生 10 个数
Dim i, k As Integer
Randomize
List1.Clear
```

```
For i = 0 To 9
k = Int(Rnd * 900 + 100)
List1.AddItem k
Next i
End Sub
Private Sub Caozuo2_Click()    ' 排序
Dim i, j, t As Integer
For i = 0 To List1.ListCount−1
For j = 0 To List1.ListCount−1−i
If List1.List(j) < List1.List(j + 1) Then
t = List1.List(j): List1.List(j) = List1.List(j + 1): List1.List(j + 1) = t
End If
Next j
Next i
End Sub
Private Sub Caozuo3_Click()    ' 删除最大值
Dim i, m As Integer
m = 0
For i = 0 To List1.ListCount−1
If List1.List(i) > List1.List(m) Then
m = i
End If
Next i
List1.RemoveItem (m)
End Sub
Private Sub Caozuo4_Click()    ' 删除最小值
Dim i, m As Integer
m = 0
For i = 0 To List1.ListCount−1
If List1.List(i) < List1.List(m) Then
m = i
End If
Next i
List1.RemoveItem (m)
End Sub
Private Sub Form_MouseDown(Button As Integer, Shift As Integer, X As Single, Y As Single)      ' 弹出
菜单
If Button = 2 Then
PopupMenu Caozuo
End If
End Sub
```

4）实验 4）参考代码如下。

```
Private Sub Form_MouseDown(Button As Integer, Shift As Integer, X As Single, Y As Single)
Select Case Button
Case 1
```

```
        Print "你按下了鼠标左键，在" & X & "，" & Y & "点上"
    Case 2
        Print "你按下了鼠标右键，在" & X & "，" & Y & "点上"
    End Select
End Sub
Private Sub Form_MouseUp(Button As Integer, Shift As Integer, X As Single, Y As Single)
Select Case Button
    Case 1
        Print "你释放了鼠标左键，在" & X & "，" & Y & "点上"
    Case 2
        Print "你释放了鼠标右键，在" & X & "，" & Y & "点上"
    End Select
End Sub
```

5）实验 5）参考代码如下。

```
Form1 窗体
Private Sub Command1_Click()
Form1.Hide
Form2.Show
End Sub
Private Sub Command2_Click()
Form1.Hide
Form3.Show
End Sub
Private Sub Command3_Click()
Form1.Hide
Form4.Show
End Sub
Private Sub Command4_Click()
End
End Sub
Form2 窗体
Private Sub Command1_Click()
Form2.Hide
Form1.Show
End Sub
Private Sub Form_Load()
List1.AddItem "高等数学"
List1.AddItem "线性代数"
List1.AddItem "高等微分方程"
List1.AddItem "概率分析"
List1.AddItem "函数分析"
List1.AddItem "工程数学"
List1.AddItem "微积分"
List1.AddItem "统计数学"
End Sub
Form3 窗体
```

```
Private Sub Command1_Click()
Form3.Hide
Form1.Show
End Sub
Private Sub Form_Load()
List1.AddItem "计算机组成原理"
List1.AddItem "计算机网络"
List1.AddItem "Visual Basic  程序设计基础"
List1.AddItem "大学计算机基础"
List1.AddItem "计算机图形学"
List1.AddItem "面向对象技术"
List1.AddItem "嵌入式系统"
List1.AddItem "多媒体技术"
End Sub
Form4 窗体
Private Sub Command1_Click()
Form4.Hide
Form1.Show
End Sub
Private Sub Form_Load()
List1.AddItem "轻轻松松背单词"
List1.AddItem "大学四级轻松过"
List1.AddItem "英语语法汇编"
List1.AddItem "卡式英语"
List1.AddItem "疯狂英语"
List1.AddItem "初级口语教程"
List1.AddItem "中级口语教程"
List1.AddItem "高级口语教程"
End Sub
```

第 11 章　Visual Basic 与多媒体

一、知识要点

1．媒体（Media）就是人与人之间实现信息交流的中介，简单地说，就是信息的载体，也称为媒介。

2．多媒体信息的类型

多媒体信息有以下 5 种类型：文本、图像、动画、声音、视频影像。

3．MCI 媒体控制接口

媒体控制接口（Media Control Interface，MCI）是 MircroSoft 公司提供的一组多媒体设备和文件的标准接口。它的好处是可以方便地控制绝大多数多媒体设备，包括音频、视频、影碟、录像等多媒体设备，而不需要知道它们的内部工作状况。

4．OLE 技术

对象连接与嵌入（Object Linking and Embedding，OLE 技术）不仅是桌面应用程序集成，而且还定义和实现了一种允许应用程序作为软件对象（数据集合和操作数据的函数）彼此进行"连接"的机制，这种连接机制和协议称为部件对象模型。利用此技术能方便地把声音、图片、文本或动态图像嵌入 WINDOWS 程式中，以实现多媒体控制功能。

5．OLE 对象的主要属性

1）AutoActivate 属性：用于设置对象的自动激活属性。

2）Action 属性：决定激活控件时执行的动作。

6．MMControl 控件

MMControl 控件用于管理媒体控制接口（MCI）设备上多媒体文件的记录与回放。

7．MMControl 控件的主要属性

MMControl 控件包括以下一些属性：AutoEnable 属性、ButtonEnabled 属性、ButtonVisible 属性、DeviceType 属性、FileName 属性（指定使用 Open 命令打开或 Save 命令保存的文件名）、Command 属性、Length 属性、Frames 属性、Notify 属性和 Mode 属性。

8．MMControl 控件的主要事件

MMControl 控件的主要事件包括 Buttonclick 事件、Done 事件、StatusUpdate 事件、ButtonCompleted 事件。

9．Animation 控件的作用

Animation 控件用于播放无声的扩展名为.avi 的数字电影文件。

10．Animation 控件的主要属性

1）Center 属性：用于设置动画播放的位置。

2）AutoPlay 属性：用于设置已打开动画文件的自动播放。

3）BackStyle 属性：用于设置播放 AVI 文件时所使用的背景是否透明。

11．Animation 控件的主要方法

（1）Open 方法

格式：<动画控件名>.Open <文件名>

（2）Play 方法

格式：<动画控件名>.Play [= Repeat][, Start][,End]

（3）Stop 方法

格式：<动画控件名>.Stop

（4）Close 方法

格式：<动画控件名>.Close

12．API 函数

应用程序编程接口（Application Programming Interface，API）是一套用来控制 Windows 各个部件的外观和行为的一套预先定义的 Windows 函数。目的是提供应用程序与开发人员基于某软件或硬件的以访问一组例程的能力，而又无需访问源码，或理解内部工作机制的细节。使用 API 函数能够简化程序设计，且开发出来的程序稳定可靠。

二、常见错误和疑难分析

1）多媒体信息的常见格式有哪些?在多媒体技术中，有声音、图形、静态图像、动态图像等几种媒体形式。每一种媒体形式都有严谨而规范的数据描述，其数据描述的逻辑表现形式是文件。

2）在 Visual Basic 中操作多媒体的方法是什么？应用程序通过 MCI 发送相应的命令来控制媒体设备。Visual Basic 提供了两种使用 MCI 的方法来对多媒体信息进行操作，分别为 Windows API 函数操作多媒体及控件操作多媒体。

3）怎样操作 OLE 控件？在窗体中添加一个 OLE 控件之后，会自动弹出"插入对象"对话框，用于设置需要关联的多媒体信息。在"对象类型"中列出了全部可链接或嵌入的对象内容，此时可选择"新建"或"由文件创建"选项。

4）OLE 控件有哪些特点？OLE 是两个应用程序间交换信息的一种方法，两个应用程序分别称为服务者和客户。服务者是数据的提供者，客户是数据的接受者。在 Visual Basic 中，OLE 客户控件作为数据的接受者。在程序运行的过程中，会调出相应的工具软件进行播放并进行编辑。用此方法控制多媒体最显著的好处就是操作非常简单；缺点是运行时需要频繁的磁盘交换过程，破坏了应用程序和谐统一的界面效果，运行速度较慢。

5）如何添加 MMControl 控件？由于 MMControl 控件不是 Visual Basic 的标准控件，因此在启动 Visual Basic 的时候，从标准工具箱中是无法找到它的。要想使用该控件，就要将其添加到工具箱中。选择"工程"→"部件"，在"部件"对话框中选择 Microsoft Multimedia Control 6.0 命令即可。

6）如何添加 Animation 控件和 MMControl 控件一样，Animation 控件也不是 Visual Basic 的标准控件，因此要想使用该控件，就要将其添加到工具箱中。选择菜单命令"工程"→"部件"，在"部件"对话框中选择 Microsoft Windows Common Controls-2 6.0 命令即可。

7）如何使用 API 函数？在 Visual Basic 中，不能直接调用 API 函数，必须遵循"先声明

后使用"的原则，否则会出现"子程序或函数未定义"的错误信息。用户可以在程序的首部声明 API 函数。

8）API 函数的调用方式。

① 忽略函数返回值的调用。

② Call 方法调用。

③ 取得函数返回值的调用。

三、实验

1．实验目的

1）熟悉 Visual Basic 6.0 多媒体开发的过程。

2）掌握 MediePlayer 控件的使用方法。

2．实验内容

1）新建一个 Standard EXE 工程。

2）按〈Ctrl+T〉组合键，弹出"部件"对话框，切换到"控件"选项卡，选择 Microsoft Common Dialog Control 6.0 和 Windows Media Player 复选框，单击"确定"按钮，这时工具箱中会出现 CommonDialog 控件▦和 MediePlayer 控件▦。

3．实验步骤

在窗体上添加一个 CommonDialog 控件、一个 MediePlayer 控件、4 个 CommandButton 控件。从左至右分别为 Cmdplay（播放）、Cmdpause（暂停）、Cmdcontinue（继续）、Cmdstop（停止），并分别为按钮控件添加相应的代码。界面效果如图 11-1 所示。

图 11-1　实验界面

四、实验参考程序

```
Option Explicit
'初始化程序
Private Sub Form_Load()
MediaPlayer1.Visible = False
cmdContinue.Enabled = False
cmdpause.Enabled = False
cmdstop.Enabled = False
End Sub
Private Sub cmdPlay_Click()
```

```vb
'出现错误时跳到下一语句
On Error Resume Next
With CommonDialog1 '显示打开文件窗口
.CancelError = True
.Filter = "Midi Files(*.mid)|*.mid|MP3 Files(*.mp3)|*.mp3|Wave Filse(*.wav)|*.wav|(*.m3u)|*.m3u"
.Flags = cdlOFNFileMustExist
.FileName = ""
.ShowOpen
End With
If Err = cdlCancel Then Exit Sub
MediaPlayer1.FileName = CommonDialog1.FileName
MediaPlayer1.Play
Me.Caption = " 现在正在播放：" & CommonDialog1.FileName
cmdplay.Enabled = False
cmdpause.Enabled = True
cmdContinue.Enabled = False
cmdstop.Enabled = True
End Sub
'暂停播放
Private Sub cmdPause_Click()
MediaPlayer1.Pause
cmdpause.Enabled = False
cmdContinue.Enabled = True
End Sub
'继续播放
Private Sub cmdContinue_Click()
MediaPlayer1.Play
cmdplay.Enabled = False
cmdpause.Enabled = True
cmdContinue.Enabled = False
End Sub
'停止播放
Private Sub cmdStop_Click()
MediaPlayer1.Stop
cmdplay.Enabled = True
cmdpause.Enabled = False
cmdContinue.Enabled = False
cmdstop.Enabled = False
End Sub
```

第 12 章　数据库编程

一、知识要点

1. 数据库

数据库（DataBase，DB）是指数据库系统中以一定的组织方式将相关数据组织在一起，并存储在外部存储设备上所形成的、能为多个用户共享的、与应用程序相互独立的相关数据的集合。

2. 关系

一个关系就是一张二维表，通常将一个没有重复行、重复列的二维表看成一个关系。每个关系都有一个关系名。

3. 记录（Record）

二维表中的每一行是一条记录，一个表中不允许含有完全相同的两条记录。

4. 属性

二维表中的每一列为一个字段。二维表的每一列在关系中称为属性，每个属性都有一个属性名，属性值则是各个元组属性的取值。一个属性对应表中的一个字段，属性名对应字段名，属性值对应于各个记录的字段值。列标题为字段名，必须是唯一的。

5. 创建数据库

（1）在 Visual Basic 环境中创建 Access 数据库的步骤

1）启动数据管理器。

2）建立数据库。

3）建立数据表。

4）添加索引。

5）输入记录。

（2）用 MS Access 建立数据库的步骤

1）建立数据库。

2）建立数据表。

3）修改数据表的结构。

4）添加新表。

5）输入记录。

6）建立表间关联关系。

6. 使用控件访问数据库

（1）ADO 数据控件

ADO 数据控件可以连接数据库及指定记录源。ADO 数据控件与数据库的连接有 3 种方式：数据链接文件（UDL）、ODBC（DSN）和字符串连接（用代码设置或改变记录源）。

（2）数据绑定控件

数据绑定控件的相关属性包括 DataSource 和 DataField。绑定属性的方法包括：属性窗口设置绑定控件属性、代码设置绑定控件属性及不用绑定方法如何显示和处理数据。

7．用 SQL 语句生成记录集

（1）SELECT 语句的基本语法

SELECT * | 字段列表 FROM 表名[WHERE 查询条件] [GROUP BY 分组字段 [HAVING 分组条件]] [ORDER BY 排序字段[ASC | DESC]]

（2）使用 SQL 语句的方法

在 SQL 语句中可以引用字符串变量及控件的字符串类型的属性。

8．数据库记录的操作

1）移动记录指针：使用程序代码和 ADO 数据控件移动记录指针。

2）查找记录：可以使用 Find 方法、循环结构和 SQL 语句查找记录。

3）添加记录：用记录集方法添加记录、Update 方法更新数据库或通过控件属性或变量为字段赋值。

4）修改记录：为字段赋值，修改记录后，应调用记录集的 Update 方法更新数据库。

5）删除记录：使用记录集的 Delete 方法删除记录。

9．ADO 编程模型

ADO 的主要对象

Connection 对象：用于建立与数据源的连接。

Recordset 对象：用于记录指针的移动和记录的查找、添加、修改或删除等操作。

Command 对象：该对象用于对数据源执行指定的命令，如数据的添加、删除、更新或查询等操作。

10．使用 ADO 编程模型的一般步骤

1）声明 ADO 对象变量。

2）与数据库建立连接。

3）设置记录集相关属性。

4）打开记录集。

5）对记录集进行操作。

6）关闭并释放 ADO 对象。

11．创建简单报表的步骤

1）新建工程。

2）添加数据环境对象。

3）连接对象 Connection1。

4）创建 Command1 的命令对象。

5）添加数据库对象。

6）添加报表对象。

7）设置报表对象的 DataSource 属性。

8）设计报表标头、页标头以及一些细节等。

9）书写代码。

10）导出。

二、常见错误和疑难分析

1）Visual Basic 6.0 不能识别*.mdb 的数据库格式。当使用的数据对象是 Visual Basic 的 DAO、DATA 控件时，因为 Visual Basic 和 ACCESS 2000 不太兼容，所以最好将其转换为早期的数据或者使用 ADO、RDO 等对象。

Visual Basic 6.0 不能识别*.mdb 的数据库格式的解决办法如下。

● 建议安装 Visual Basic SP5。
● 可以把数据库转化为 Access 97。
● 用 ADODC 控件连接 Access 2000 数据库。
● 用 ADO 连接字符串连接数据库。

2）Access 2003 本身就可以转换为 Access 97 版本。用 Access 2003 打开要转换的 MDB 文件后，通过选择菜单命令，即可转换。

3）ADODB.Connection 的连接字符串（ConnectionString）ADO 是当前访问数据库的主流，其 ConnectionString 往往有一大串，并且在访问不同的数据库（如 Access 和 SQL Server），或访问方式（通过 ODBC 和 OLEDB）不一样时，其具体参数的设置差异很大，这给连接字符串的编写增加了一定的难度。这里介绍两种生成 ConnectionString 的方法。

① 使用 ADODC 控件的连接字符串向导生成连接字符串。

新建一个标准 EXE 工程，先引用 ADODC 部件（选择"工程"→"部件"命令，在弹出的"部件"对话框中选择 Microsoft ADO Data Control 复选框），再将其加到 Form1 上，默认名为 Adodc1。在 Adodc1 上右击，选择"ADODC 属性"命令，选择"使用连接字符串"选项，单击"生成"按钮，根据该向导一步一步地输入各相关的连接信息，单击"确定"按钮后，此时在"使用连接字符串"下面的文本框中就是需要的内容。

② 调用 ADO 连接窗口，获得连接字符串。

新建一个标准 EXE 工程，引用 Microsoft OLE DB Service Component 1.0 Type Libary 和 Microsoft ActiveX Data Objects 2.x Library（具体操作与 ADODC 的引用类似，只是通过选择"工程"→"引用"命令），加一个 TextBox 到 Form1，双击 Form1，进入 Code 编辑区，清除 Visual Basic 自动生成的所有代码，再输入下述代码：

```
Option Explicit
Private Sub Form_Load()
Dim dlTemp As MSDASC.DataLinks
Dim cnTemp As ADODB.connection
Set dlTemp = New MSDASC.DataLinks
Set cnTemp = New ADODB.connection
dlTemp.PromptEdit cnTemp
Text1.Text = cnTemp.ConnectionString
Set dlTemp = Nothing
Set cnTemp = Nothing
End Sub
```

运行时会弹出一个与 ADODC 相似的生成连接字符串的向导，输入各相关数据，单击"确定"按钮后在 Form1 的 Text1 中就得到了需要的连接字符串。

4）汉字乱码问题在使用 ADO 向 SQLServer 6.5 中追加或修改数据后，查询出来的汉字都是乱码，解决的方法就是不让其乱翻译，具体操作如下。

如果 ADO 通过 OLEDB 直接连接到数据库，则在 Connection 的 ConnectionString 中加入字符串：AutoTranslate=False；

如果 ADO 通过 ODBC 连接到数据库，则在配置 ODBC 时，将"执行字符数据转换"一项的勾去掉。

5）在 SQL 中处理含单引号的字符串。在 SQL 中将字符串数据用单引号引起来，如：

```
Select * from MyTable Where ID='FirstID'
```

若其中的 FirstID 误写为 First'ID，即中间多出一个单引号，则将导致错误。解决的方法是将字符串中的每一个单引号用两双引号替换。下面的 StrToSQL 函数可以完成该功能，并用单引号将处理后的字符串引起来。

```
Private Function StrToSQL(ByVal strValue As String) As String
StrToSQL = "'" + Replace(strValue, "'", "''") + "'"
End Function
```

在 SQL 中如有字符串数据，不管其中有没有单引号，都可以像下面这样使用。

```
strValue="First'Id"
strSQL="Select * from MyTable Where ID="+StrToSQL(strValue)
```

6）只返回查询结果的前 N 个记录。在 SQL 中可以用 Select Top 语句来完成此功能，如访问 Access 数据库时为：

```
Select Top 50 * From MyTable
```

在 SQL Server 7.0 和 SQL Server 2000 中都可以这样，但在 SQL Server 6.5 中不行，它不支持 Select Top 语句，使用 SQL Server 6.5 的 Set Rowcount 语句可以限制记录数。

```
MyConnection.Execute "Set Rowcount 50"
......'执行查询
MyConnection.Execute "Set rowcount 0"
```

最后一行表示取消记录数据限制，这句千万不能少，因为记录数的限制在 MyConnection 的生存期都有效，所以其他查询也会受此限制，最多返回 50 条记录。

三、实验

1．实验目的

1）掌握在 Visual Basic 环境中创建 Access 数据库。

2）掌握使用 MS-Access 创建数据库及表、数据表间联系的方法。

2．实验内容

1）在 Visual Basic 环境中创建 Access 数据库，在数据库中建立学生基本情况表，表结构如图 12-1 所示，并且输入 4 条记录。

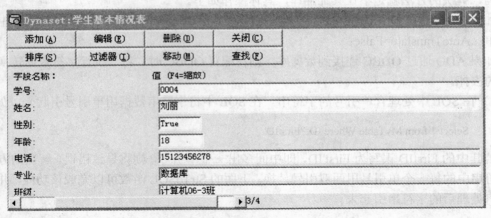

图 12-1　学生基本情况表结构

2）使用 MS-Acces 建立 student.mdb 数据库，它包含 3 个表：学生基本情况表 "student 表"、学生成绩表 "score 表" 和课程表 "course 表"，其中 3 个表的属性分别如表 12-1、12-2 和 12-3 所示。

表 12-1　student 表

字　段　名	类　型	长　度
sno	文本	4
name	文本	10
sex	文本	2
age	整型	
tel	文本	20
addr	文本	50

表 12-2　score 表

字　段　名	类　型	长　度
sno	文本	4
cno	文本	4
score	整型	

表 12-3　course 表

字　段　名	类　型	长　度
cno	文本	4
cname	文本	20

建立 3 个表之间的联系，"student 表" 与 "score 表" 建立一对多联系，"course 表" 与 "score 表" 建立一对多联系，如图 12-2 所示。

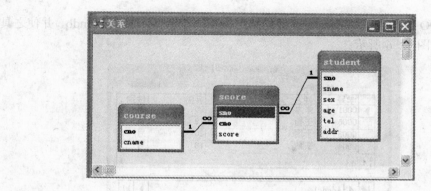

图 12-2 3 个表之间的联系

3）设计一个窗体，用以显示 student.mdb 数据库中的"student 表"的基本内容，如图 12-3 所示。

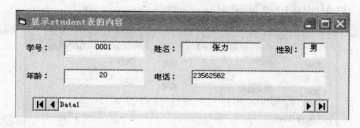

图 12-3 窗体

4）通过设置属性，并用 4 个命令按钮代替 3）中数据控件对象中的 4 个箭头，如图 12-4 所示。

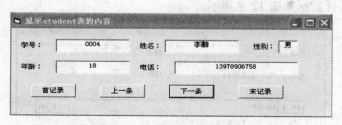

图 12-4 替换后的窗体

5）除了设置所有控件的 Caption 属性外，通过代码实现 4）的功能。

6）在 3）的基础上添加"添加"、"修改"、"删除"、"查询" 4 个按钮，如图 12-5 所示。通过对这 4 个按钮编程实现增、删、改、查功能。

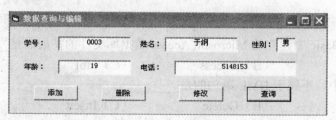

图 12-5 添加按钮后的窗体

7）利用 ADO 数据控件和 DataGrid 数据网络控件浏览数据库 student.mdb，并使之具有编辑功能，界面如图 12-6 所示。

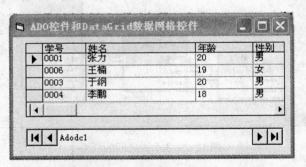

图 12-6　浏览数据库界面

8）用 SQL 语句从 student.mdb 数据库的 3 个数据表中选择数据构成记录集，并通过数据控件浏览记录集，界面如图 12-7 所示。

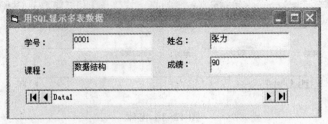

图 12-7　浏览记录集界面

9）利用 ADO 数据控件和 SQL 语句从 student.mdb 数据库的 3 个数据表中选择数据，从而组成记录集，选择数据如图 12-8 所示。

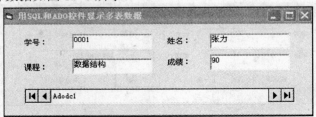

图 12-8　选择数据

四、自测题

1. 选择题

1）在 Visual Basic 中建立的 Microsoft Access 数据库文件的扩展名是_____。

（A）.db　　　　　（B）.access　　　　　（C）.dbf　　　　　（D）.mdb

2）下列选项中，不属于 DML 语句的是_____。

（A）Alter　　　　　（B）Delete　　　　　（C）Insert　　　　　（D）Select

3）使用_____方法可以创建数据库对象。

（A）OpenDatabase　　　　　（B）CreateDatabase

（C）CreateTableDef　　　　　（D）CreateField

4）当 Recordset 对象的 BOF 属性值为 True 时，表示_____。

（A）当前记录指针指向 Recordset 对象的第一条记录

（B）当前记录指针指向 Recordset 对象的第一条记录之前

（C）当前记录指针指向 Recordset 对象的最后一条记录

（D）当前记录指针指向 Recordset 对象的最后一条记录之后

5）下列选项中，不能移动记录指针的是_____方法。

（A）Edit　　　　（B）Move　　　　　　（C）Seek　　　　（D）FindNext

6）使用 FindFirst、FindNext、FindPrevious 和 FindLast 方法可以在_____类型的记录集中查找满足指定条件的记录。

（A）表　　　　（B）动态集　　　　（C）快照　　　　　（D）所有

7）使用 Seek 方法可以在_____类型的记录集中查找满足条件的记录。

（A）表　　　　（B）动态集　　　　（C）快照　　　　　（D）所有

8）在使用 Seek 方法查找满足指定条件的记录时，可以根据记录集的_____属性判断是否找到满足指定条件的记录。

（A）EOF　　　　（B）BOF　　　　　（C）Match　　　　（D）NoMatch

9）不能对记录集的记录进行定位的方法有_____。

（A）Edit　　　　（B）AddNew　　　　（C）Move　　　　（D）Seek

10）若建立 Adodc 数据控件到数据源的连接信息，需设置该控件的_____属性。

（A）ConnectString　　　　（B）CommandType

（C）RecordSource　　　　（D）EOFAction

2．填空题

1）一个数据库系统是由_____和_____组成。

2）数据库是由若干个_____构成。表是由若干个_____构成。记录由若干个_____构成。

3）唯一能够标识表中记录的最小字段集合称为_____。被指定用来标识记录的候选码称为_____。

4）数据检索语句中的*号表示指定数据表_____。

5）Visual Basic 数据库应用程序从逻辑上可以分为 3 个部分：_____、_____和_____。数据库引擎的任务是_____。

6）Visual Basic 提供了两类数据库访问接口模型。一类是_____数据访问对象模型，另一类是_____数据访问对象模型。每类数据库访问接口模型都有一个配套的数据访问控件。与 DAO 配套的是 Visual Basic 工具箱中的_____控件，与 ADO 配套的是_____控件。

7）使用可视化数据管理器除可创建数据库外，还可完成一系列的数据库操作，这些数据库操作包括_____、_____、_____和_____。

8）要使数据绑定控件能够显示记录集中的数据，必须在属性窗口中或在程序中设置数据绑定控件的两个属性：_____属性和_____属性。

9）设置 Data 数据控件所连接的数据库类型，需要设置控件的_____属性。

10）把"ADO 数据控件"添加到工具箱中的方法是：在"工程"菜单中选择"____"命令，在弹出的"部件"对话框中的"控件"选项卡中选择_____复选框，然后单击"确定"按钮。

3．程序设计

1）给定下面某单位的"人事档案表"，如图 12-4 所示，使用可视化数据管理器建立"人事档案.mdb"数据库，该库包括一个表，命名为"人事档案"，把"人事档案表"中的数据存放到该表中。使用 DAO 数据访问对象并编写一个简单的人事档案管理程序。要求该程序具有查询、修改、添加、更新和删除记录功能。

表 12-4　人事档案表

编号	姓名	性别	年龄	职称	专业	学历	住址
1	何大伟	男	45	教授	计算机	博士	南秀村 10 号
2	王芳芳	女	28	讲师	应用数学	硕士	北秀村 22 号
3	张明扬	男	30	副教授	自动化	学士	西秀村 18 号
4	黄向东	男	25	讲师	计算机	硕士	东秀村 11 号
5	李小萍	女	39	副教授	计算机	博士	南新村 15 号

2）使用 ADO 数据控件编写一个程序，浏览由上题所建立的"人事档案表"中的记录。要求该程序具有显示首记录，下一个记录，上一个记录和末记录的功能。

五、自测题答案

1．选择题

1）D 2）A 3）B 4）B 5）A、D）6）A、B 7）A 8）D 9）A 10）A

2．填空题

1）数据库、数据库管理系统

2）表、记录、字段

3）候选码主码

4）全部字段的字段名

5）用户界面 Jet 数据库引擎、数据库、对数据库进行各种操作

6）DAO、ADO、Data、ADO Data

7）查找、修改、增加和删除记录、修改表结构

8）DataSource、DataField

9）Connect

10）部件、Microsoft ADO Data Control 6.0（OLEDB）

3．程序设计

1）① 数据库设计。

"人事档案.mdb"数据库中"人事档案"表结构如表 12-5 所示。

表 12-5　"人事档案"表结构

字 段 名	类 型	长 度	字 段 名	类 型	长 度
编号	文本	5	职称	文本	6
姓名	文本	6	专业	文本	8
性别	文本	2	学历	文本	4
年龄	整型		住址	文本	10

② 使用可视化数据管理器建立数据库。

使用可视化数据管理器创建"人事档案.mdb"数据库，建立"人事档案"表的结构并向"人事档案"表中输入数据。在建立"人事档案"表的结构时，应将"编号"字段作为索引关键字段建立索引文件，索引文件名为"编号索引"。

③ 进行界面设计和属性设置。

在窗体上建立 8 个标签、8 个文本框和 6 个命令按钮。窗体和窗体上控件的主要属性设置如表 12-6 所示。

表 12-6　属性设置

控 件 名 称	属 性 名	属 性 值
Form1	Caption	记录的查询、修改、添加、更新和删除
Label1	Caption	编号
Label2	Caption	姓名
Label3	Caption	性别
Label4	Caption	年龄
Label5	Caption	职称
Label6	Caption	专业
Label7	Caption	学历
Label8	Caption	住址
Text1、Text2、Text3	Text	空串
Text4、Text5、Text6	Text	空串
Text7、Text8	Text	空串
Command1	Caption	查询
Command2	Caption	修改

④ 程序代码如下。

```
Dim db As Database, rs As Recordset
Dim bh As String * 5, ans As String
Private Sub Form_Load()
    Set db = OpenDatabase(".\人事档案.mdb")
    Set rs = db.OpenRecordset("人事档案", dbOpenTable)
    rs.Index = "编号索引"
    Call p
End Sub
```

```
Private Sub recshow()
    Text1.Text = rs.Fields("编号")
    Text2.Text = rs.Fields("姓名")
    Text3.Text = rs.Fields("性别")
    Text4.Text = rs.Fields("年龄")
    Text5.Text = rs.Fields("职称")
    Text6.Text = rs.Fields("专业")
    Text7.Text = rs.Fields("学历")
    Text8.Text = rs.Fields("住址")
End Sub
Private Sub p()
    Text1.Text = "":    Text2.Text = ""
    Text3.Text = "":    Text4.Text = ""
    Text5.Text = "":    Text6.Text = ""
    Text7.Text = "":    Text8.Text = ""
End Sub
Private Sub Command1_Click()
    Call p
    bh = InputBox("请输入需查询记录的职工编号：")
    rs.Seek "=", bh
    If rs.NoMatch Then MsgBox ("需查询记录找不到！"): GoTo l
    recshow
l:
End Sub
Private Sub Command2_Click()
    Call p
    bh = InputBox("请输入需修改记录的职工编号：")
    rs.Seek "=", bh
    If rs.NoMatch Then MsgBox ("需修改记录找不到！"): GoTo l
    recshow
    ans = MsgBox("确定要修改该记录吗？", vbOKCancel)
    If ans = vbOK Then
     rs.Edit
     Text1.SetFocus
    End If
l:
End Sub
Private Sub Command3_Click()
    Call p
    bh = InputBox("请输入需添加记录的职工编号：")
    rs.MoveFirst
    DOWhile Not rs.EOF
      If rs.Fields("编号") = bh Then MsgBox ("需添加记录已存在！"): GoTo l
      rs.MoveNext
    LooP
    rs.AddN9ew
    Text1.SetFocus
```

```
    l:
End Sub
Private Sub Command4_Click()
    rs.Fields("编号") = Text1.Text
    rs.Fields("姓名") = Text2.Text
    rs.Fields("性别") = Text3.Text
    rs.Fields("年龄") = Text4.Text
    rs.Fields("职称") = Text5.Text
    rs.Fields("专业") = Text6.Text
    rs.Fields("学历") = Text7.Text
    rs.Fields("住址") = Text8.Text
    rs.Update
    MsgBox ("更新记录已完成！")
    Call p
End Sub
Private Sub Command5_Click()
    bh = InputBox("请输入需删除记录的职工编号：")
    rs.Seek "=", bh
    If rs.NoMatch Then MsgBox ("需删除记录找不到！"): GoTo l
    recshow
    ans = MsgBox("确定要删除该记录吗？", vbOKCancel)
    If ans = vbOK Then
      rs.Delete
      Call p
    End If
    MsgBox ("删除记录已完成！")
l:
End Sub
Private Sub Command6_Click()
    End
End Sub
```

⑤ 运行情况如下。

上机运行程序后，屏幕出现用户界面。此时单击各个命令按钮，系统执行相应的 Click 事件过程，并按提示操作，从而完成相应的功能。

2）① 界面设计和属性设置。

在窗体上建立 8 个标签、8 个文本框、4 个命令按钮和一个 ADO 数据控件。窗体和窗体上控件的主要属性设置如表 12-7 所示。

表 12-7　属性设置

控 件 名 称	属 性 名	属 性 值
Form1	Caption	浏览"人事档案"表中的记录
Adodc1	Caption	EOFAction
Adodc1	Visible	False
Label1	Caption	编号
Label2	Caption	姓名

控 件 名 称	属 性 名	属 性 值
Label3	Caption	性别
Label4	Caption	年龄
Label5	Caption	职称
Label6	Caption	专业
Label7	Caption	学历
Label8	Caption	住址
Text1、Text2、Text3、Text4、Text5、Text6、Text7、Text8	DataField	依次为：编号、姓名、性别、年龄、职称、专业、学历、住址
	DataSource	Adodc1
	Text	空串
Command1	Caption	首记录
Command2	Caption	下一个
Command3	Caption	上一个
Command4	Caption	末记录

② 程序代码如下。

```
Dim conn As New ADODB.Connection
Dim cmd As New ADODB.Command
Dim rs As New ADODB.Recordset
Private Sub Form_Load()
    conn.Open "Provider=Microsoft.Jet.OLEDB.3.51;Data Source=人事档案.mdb"
    Set cmd.ActiveConnection = conn
    cmd.CommandType = adCmdText
    cmd.CommandText = "select * from 人事档案"
    rs.Open cmd, , adOpenDynamic
    rs.MoveFirst
    Call recshow
End Sub
Private Sub recshow()
    Text1.Text = rs.Fields("编号")
    Text2.Text = rs.Fields("姓名")
    Text3.Text = rs.Fields("性别")
    Text4.Text = rs.Fields("年龄")
    Text5.Text = rs.Fields("职称")
    Text6.Text = rs.Fields("专业")
    Text7.Text = rs.Fields("学历")
    Text8.Text = rs.Fields("住址")
End Sub
Private Sub Command1_Click()
    rs.MoveFirst
    Call recshow
End Sub
Private Sub Command2_Click()
    rs.MoveNext
    If rs.EOF Then rs.MoveLast
```

```
        Call recshow
    End Sub
    Private Sub Command3_Click()
        rs.MovePrevious
        If rs.BOF Then rs.MoveFirst
        Call recshow
    End Sub
    Private Sub Command4_Click()
        rs.MoveLast
        Call recshow
    End Sub
```

③ 运行程序后，单击各个命令按钮，系统执行相应的 Click 事件过程，从而完成相应的功能。

六、实验参考答案

1）略

2）略

3）一个 data 控件，5 个 text 控件，5 个 label 控件，其中 data 控件 data1 属性设置如表 12-8 所示。

表 12-8　属性设置

Connect 属性	access
Dabasename 属性	选择数据库所在的路径
Recordsource 属性	数据库中的表名

分别设置 5 个 label 的 caption 属性。

Text 控件（以绑定学号的 text 设置为例）的设置如表 12-9 所示。

表 12-9　属性设置

DataSource 属性	设置为 data 控件的名称 data1
Dabasename 属性	选择数据库所在的路径
Recordsource 属性	数据库中的表名

4）在 3）的基础上增加 4 个按钮，分别设置 Caption 属性，且将 data1 的 Visible 属性设置为 false，代码部分如下。

```
Private Sub Command1_Click()
Data1.Recordset.MoveFirst
End Sub

Private Sub Command2_Click()
Data1.Recordset.MovePrevious
If Data1.Recordset.BOF Then Data1.Recordset.MoveFirst
End Sub
```

```
Private Sub Command3_Click()
Data1.Recordset.MoveLast
End Sub


Private Sub Command4_Click()
Data1.Recordset.MoveNext
If Data1.Recordset.EOF Then Data1.Recordset.MoveLast
End Sub
```

5）除了设置所有控件的 Caption 属性外，通过代码实现 4）的功能，代码如下所示。

```
Dim conn As New ADODB.Connection
Dim cmd As New ADODB.Command
Dim rs As New ADODB.Recordset
Private Sub Form_Load()
    conn.Open "Provider=Microsoft.Jet.OLEDB.3.51;Data Source=student2.mdb"
    Set cmd.ActiveConnection = conn
    cmd.CommandType = adCmdText
    cmd.CommandText = "select * from student"
    rs.Open cmd, , adOpenDynamic
    rs.MoveFirst
    Call recshow
End Sub
Private Sub recshow()
    Text1.Text = rs.Fields("学号")
    Text2.Text = rs.Fields("姓名")
    Text3.Text = rs.Fields("性别")
    Text4.Text = rs.Fields("年龄")
    Text5.Text = rs.Fields("电话")
End Sub
Private Sub Command1_Click()
    rs.MoveFirst
    Call recshow
End Sub
Private Sub Command2_Click()
    rs.MoveNext
    If rs.EOF Then rs.MoveLast
    Call recshow
End Sub
Private Sub Command3_Click()
    rs.MovePrevious
    If rs.BOF Then rs.MoveFirst
    Call recshow
End Sub
Private Sub Command4_Click()
    rs.MoveLast
    Call recshow
End Sub
```

6）在 3）的基础上增加 4 个按钮，分别设置 Caption 属性，且将 data1 的 Visible 属性设置为 false，代码部分如下。

```
Private Sub Command1_Click()
    On Error Resume Next
    Command2.Enabled = Not Command2.Enabled
    Command3.Enabled = Not Command3.Enabled
    Command4.Enabled = Not Command4.Enabled
    If Command1.Caption = "添加" Then
       Command1.Caption = "确认"
       Data1.Recordset.AddNew
       Text1.SetFocus
    Else
        Command1.Caption = "添加"
        Data1.Recordset.Update
        Data1.Recordset.MoveFirst
    End If
End Sub


Private Sub Command2_Click()
    On Error Resume Next
    Data1.Recordset.Delete
    Data1.Recordset.MoveNext
    If Data1.Recordset.EOF Then Data1.Recordset.MoveLast
End Sub


Private Sub Command3_Click()
    On Error Resume Next
    Command2.Enabled = Not Command2.Enabled
    Command1.Enabled = Not Command1.Enabled
    Command4.Enabled = Not Command4.Enabled
    If Command1.Caption = "修改" Then
        Command1.Caption = "确认"
        Data1.Recordset.Edit
        Text1.SetFocus
    Else
        Command1.Caption = "修改"
        Data1.Recordset.Update
    End If
End Sub


Private Sub Command4_Click()
Dim mzy As String
mzy = InputBox$("请输入学号", "查找窗")
Data1.RecordSource = "SELECT * FROM student WHERE sno='" _
    & mzy & "'"
Data1.Refresh
If Data1.Recordset.EOF Then
    MsgBox "无此学生", , "提示"
    Data1.RecordSource = "student"
    Data1.Refresh
```

```
        End If
    End Sub
```

7）添加控件：选择"工程"→"部件"命令切换至"控件"选项卡，选择 Microsoft ADO Data Control6.0 和 Microsoft DataGrid Data Control6.0 复选框。

设置的 ADO 数据控件属性如下。

Connectionstring——使用连接字符串——生成——选择数据库名称

Commandtype：2

Recordsource::命令类型——2

表名称——student

设置的 DataGrid 数据控件属性如下。

DataSource：Adodc1

AllowAddNew：true

AllowDelete：true

AllowUpdate：true

8）Data 控件的 DatabaseName 属性指定数据库 student.mdb、RecordSource 为空，各个文本框的 DataSource=data1，DataField 属性分别为学号、姓名、课程名和成绩。

```
    Private Sub Form_Load()
        Data1.RecordSource = "select student.学号，student.姓名，course.课程名，score.成绩  from
student,course,score where score.学号=student.学号  and score.课程号=course.课程号"
    End Sub
```

9）ADO 数据控件属性：Connectionstring——使用连接字符串——生成——选择数据库名称。RecordSource 属性设置如图 12-9 所示。

图 12-9 RecordSource 属性设置

各个文本框的 DataSource=Adodc1，DataField 属性分别为学号、姓名、课程名和成绩。